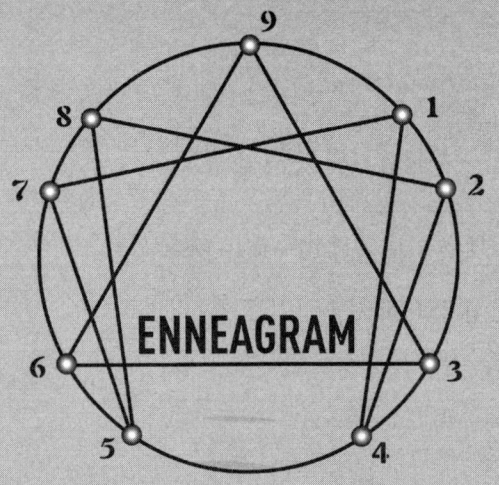

1号 完美型 Perfectionist
2号 温馨型 The Giver
3号 动力型 The Performer
4号 感性型 The Romantic
5号 思想型 The Observer
6号 忠诚型 The Devil is Advocate
7号 开朗型 The Epicure
8号 果断型 The Boos
9号 和谐型 The Mediator

九型人格识人宝鉴

黄信景 著

罗伯特·欧查的九型人格学说,几十年来声名远播美国顶级高等学府斯坦福大学、哈佛商学院等都专门开设了欧查学派的九型人格课程

本书作者以在著名的意大利米兰理工大学、布雷拉美术学院、东京大学、北京大学、清华大学等高等学府讲学及深广的心理学、社会学学养的专业的资质,对罗布特·欧查的学说,作出普及性讲说。

华夏出版社
HUAXIA PUBLISHING HOUSE

图书在版编目（CIP）数据

九型人格识人宝鉴/黄信景著. --北京：华夏出版社，2019.1（2019.4重印）
ISBN 978-7-5080- 9601-8

Ⅰ. ①九… Ⅱ. ①黄… Ⅲ. ①人格心理学－通俗读物 Ⅳ. ①B848-49

中国版本图书馆 CIP 数据核字（2018）第251757号

九型人格识人宝鉴

作　　者	黄信景
责任编辑	高　苏　杜潇伟
出版发行	华夏出版社
经　　销	新华书店
印　　刷	三河市万龙印装有限公司
装　　订	三河市万龙印装有限公司
版　　次	2019年1月北京第1版 2019年4月北京第2次印刷
开　　本	710×1000　1/16
印　　张	17.5
字　　数	240 千字
定　　价	62.00 元

华夏出版社　网址: www.hxph.com.cn　地址: 北京市东直门外香河园北里4号　邮编: 100028
若发现本版图书有印装质量问题，请与我社营销中心联系调换。电话：（010）64663331（转）

谨以此书

感恩

所有支持我

开展应用心理学研究的

伙伴及

所有懂得珍重自己与

感恩身边一切的

真朋友

目 录

再版前言：知己方能识人 /1
自序：一把打开自我探索大门的钥匙 /1

第一章 九型人格概述——深刻了解一项古老的人格评价技术

> 九型人格起源的真实情况　苏菲神秘主义对九型人格的影响　九型人格图形意义的全新解释　人格智能中心的意义以及不同人格类型的区别　"望闻问切"识人法的初步掌握　如何真正学习和掌握九型人格功夫

第一节　九型人格不是神秘学 /1
第二节　九型人格的前世今生 /4
第三节　九型人格图形正解 /8
第四节　智能中心分类法与九型人格的识别 /13
第五节　人格的形成及学习九型人格的核心要素 /21

第二章　九种人格特征的解析与对号入座

> 人格特征测评　号码标签的含义　人格特征描述　行为背后的动机　深层渴望　深层恐惧　语言、身体的沟通风格　压力以及低能量状态下的感觉变化　轻松及高能量状态下的感觉变化

测试：如何找出自己的人格定位 /27
第一节　1号人格解析：苛求完美的质检官 /30
第二节　2号人格解析：成就他人的关怀者 /35
第三节　3号人格解析：实现目标的有型人 /42
第四节　4号人格解析：追寻自我的表达者 /48
第五节　5号人格解析：冷静分析的旁观者 /53
第六节　6号人格解析：理性安稳的忠诚者 /60
第七节　7号人格解析：追求快乐的乐天派 /66
第八节　8号人格解析：有勇有谋的统治者 /73
第九节　9号人格解析：与世无争的透明人 /80

第三章　职场攻略——九种人格的职场表现与管理之道

> 不同人格的上司职场特征与应对技巧　不同人格的下属职场特征与应对技巧　有效"管理"各种人格上司的方法　有效"支持"各种人格下属的方法

第一节　1号上司和下属的职场特征与应对技巧 /87
第二节　2号上司和下属的职场特征与应对技巧 /92
第三节　3号上司和下属的职场特征与应对技巧 /97

第四节 4号上司和下属的职场特征与应对技巧 /102
第五节 5号上司和下属的职场特征与应对技巧 /109
第六节 6号上司和下属的职场特征与应对技巧 /115
第七节 7号上司和下属的职场特征与应对技巧 /121
第八节 8号上司和下属的职场特征与应对技巧 /126
第九节 9号上司和下属的职场特征与应对技巧 /132

第四章 收获真爱——九种人格的爱情特征与相处心法

> 不同人格的伴侣在亲密关系上的情感特征　与不同人格的伴侣或异性亲密相处的策略

第一节 1号伴侣的情感特征与相处要略 /139
第二节 2号伴侣的情感特征与相处要略 /142
第三节 3号伴侣的情感特征与相处要略 /145
第四节 4号伴侣的情感特征与相处要略 /149
第五节 5号伴侣的情感特征与相处要略 /153
第六节 6号伴侣的情感特征与相处要略 /156
第七节 7号伴侣的情感特征与相处要略 /159
第八节 8号伴侣的情感特征与相处要略 /162
第九节 9号伴侣的情感特征与相处要略 /166

第五章 慧眼识人——九型人格的鉴人识人技巧

> 如何分辨相似的人格类型　相同行为背后的动机区别　判断信念、情感、渴望的高级识人技巧

第一节　1号人格的核心与识别技巧　/172
第二节　2号人格的核心与识别技巧　/180
第三节　3号人格的核心与识别技巧　/187
第四节　4号人格的核心与识别技巧　/193
第五节　5号人格的核心与识别技巧　/198
第六节　6号人格的核心与识别技巧　/202
第七节　7号人格的核心与识别技巧　/205
第八节　8号人格的核心与识别技巧　/207
第九节　9号人格的核心与识别技巧　/208

第六章　突破弱点——九型人格的发展自我之道

> 不同人格的行为困扰　不同人格成长中的缺失　不同人格需要突破的瓶颈　不同人格成长的恶性循环与良性整合　不同人格修养身心的方法推荐

第一节　1号人格弱点分析与突破法　/211
第二节　2号人格弱点分析与突破法　/215
第三节　3号人格弱点分析与突破法　/221
第四节　4号人格弱点分析与突破法　/227
第五节　5号人格弱点分析与突破法　/232
第六节　6号人格弱点分析与突破法　/238
第七节　7号人格弱点分析与突破法　/243
第八节　8号人格弱点分析与突破法　/249
第九节　9号人格弱点分析与突破法　/255

再版前言：知己方能识人

距离这本书第一次出版已经有八年了。这八年来，我一直在临床以及应用领域开展心理学的实践与研究工作。与我往来者所谈除了学科研究以外，交流最多的话题莫过于"如何理解他人；如何搞定客户；如何改变爱人"等对峙他人的"技巧"之类。

社会的发展，年轻一代的成长，人际关系中代沟的愈加严重，让各个年龄段与社会阶层的人都急切地渴望掌握一种与人相处的技术。于是，星座、占星、塔罗、血型、Oh卡等分析性格行为的应用之术开始拥有人气热度，而且似乎越是拥有神秘色彩，越会引发人们的竞相追逐……

在这种状况下，我认为非常有必要重新整理八年前的这本书，并以此来表达一些我个人关于所谓识人用人之术的观点。

首先，我想科普一下心理学究竟是怎样的一门学问。

心理学诞生于19世纪末，生物医学工作者冯特在德国莱比锡大学建立了一个研究"感觉识别"的实验室。这个实验室通过对人关于"两点阈"的观察研究来揭示人们的感觉反应机制。这是世界上第一个应用自然科学实验室研究手段进行人类行为反应研究的机构。这个机构的出现，标志着心理学的诞生。与此同时，这个实验室也定义了心理学的学科意义与研究对象。心理学是通过大量的行为观察，应用统计学分析，结合哲学论证，揭示行为背后的动机，并将这些动机应用在社会领域，实现促进社会生产力发展的目的。在这样的一种学科背景下，心理学无论是学科研究还是社会应用，都是以发现行为现象背后的真相为价值目标的。从这个角度来看，心理学从诞生之日起就不是一个以识人用人为目的的学科。

其次，我想谈一谈心理学中真正的识人用人之术。

随着心理学关于行为现象背后真相研究的发展，诸多行为规律被一代代的心理学工作者总结出来，逐渐形成了关于人类行为模式的描述与分类，这些描述与分类进而演变成了心理学中关于人性揭示的分支学科——人格心理学。人格心理学专注于对人类行为的观察，并试图挖掘行为背后的动机。人格心理学将行为背后的动机划分为"信念—动机—情感"三个部分，这三个部分构成了一个人的行为逻辑。信念，是每个人关于自己与世界之关系的定义，是内心坚信的客观世界存在的价值；动机，是在信念的支撑下人采取行动的尝试，这个尝试是为了印证信念的正确；情感，就是在行动之后所得到的印证的结果反馈，积极的情感强化行为重复出现，消极的情感让行为得到修正。人的每一个行为都是"信念—动机—情感"的行为逻辑的体现，心理学将其称为"人格系统"。人格心理学就是关于这个人格系统的研究，其研究的目标是为了不断揭示行为背后的人格系统，建立人与人之间的和解。从专门研究人格的心理学分支学科来看，识人用人只是一个建立在和解的人际关系上的自然结果，而不是学科的主攻方向。

再次，我想谈一谈纯粹的识人用人之术。

在我理解的科学心理学范围内，唯一的识人用人之术无疑是人格心理学中发展出来的一系列"人格评价技术"。关于由"信念—动机—情感"构成的人格系统，我们目前能做的也就是评价而已。毕竟这个系统描述的是一个人大量行为背后复杂的逻辑，这些逻辑如同空气一样，看不见摸不着，却让人感觉到确实存在。因此，也就只能以一种主观评价的方式来描述这些逻辑，而描述的目的仍旧是解析对方行为背后的行为逻辑。除此以外，诸如星座、血型、塔罗、Oh 卡等神秘学、玄学领域的识人用人之术，并不是我所懂得的心理学范畴，我也不便对其评说，我只是观察到，那些社会上应用这些"术"的工作者在与咨询者交流的时候，似乎大量的分析话语都在运用心理学中的人格评价技术，而咨询者却盲从于那些施术者"神秘"的标签。对此，我总是感到担忧。

最后，我想介绍一个科学心理学的观点：人格是研究行为背后"信念—动机—情感"的行为逻辑的学科，这个学科通过一系列统计学方法归纳行为特征，然后，结合哲学思想分析和评价这些行为特征背后的人性规律，而这些人性规律则用来建立人与人之间和谐的关系。从应用的层面上来看，人格评价技术首先是为了帮助应用者有效地理解自己，发现自己行为背后的"信念—动机—情感"，了解自己的喜怒哀乐以及言行举止的意义，而我们对他人的理解也会因为对自己的了解而自然存在。

我是谁？我的人生将怎样？这是人类智慧毕生探索的生命议题。这个议题是每一个人生命过程中行为的意义。了解这个意义才是应用人格技术的目的，这个目的是建立在对自我的了解基础上的。所以，当我们想要应用某种识人与用人的技术时，首先请应用这个技术开展对自我的探索，只有了解自我，才能够体谅他人。

八年来，承蒙读者朋友的关照与支持，这本书自首次出版以来得到了很多反馈，我也因此结识了很多热爱心理学的朋友。时隔八年，这本书得以再版，让我倍感欣喜，同时也感到责任重大。我将八年来的经历与体验，结合临床与应用领域的经验，修订了第一版中的一些内容，比如加强了对人性特征的客观陈述。毕竟，人格评价技术是一个主观评价技术，而要将这个技术著书立说，则一定要尽可能地摒弃主观情绪才能够不影响读者的阅读体验。我相信八年的时间让我客观了很多，我希望八年来在客观性方面的成长可以体现在这本书中。我也希望通过这本书能够结识更多的热爱心理学的伙伴。

祝大家阅读愉快。

黄信景

2017年12月于东京大学

自序：一把打开自我探索大门的钥匙

阿明的内心总是不断询问着"为何别人不理解我的与众不同"；阿丽经常抱怨丈夫不解风情，不懂得浪漫；小张经常在酒吧和朋友倾诉自己如何辛苦地履行丈夫的责任，却得不到妻子的理解；王总时常困扰于办公室所有的人都与自己过不去……

我们身处在社会环境中，总是遇到形形色色的人，处理纷乱复杂的关系，因此也就总是会遇到上面提到的各种内心困惑，之后便需要用很长的时间去探索内心不理解问题之答案，可有些时候，却是越探索越迷惑。其实，当我们站在人格的角度去了解人们行为背后的动机、信念和情感的时候，一切的疑惑似乎可以一下子解开，内心也真的感受到了一份释怀的轻松，情绪就在这一瞬间得以宣泄了。

但是，要做到这一点却绝非易事。主要原因有两点，其一，心理学中的人格理论和研究受到自然科学研究方法的影响，其研究过程以及结果需要用大量的数据以量化的分析表明。这就使得基于自然科学或者统计学方法的人格研究大量集中在行为特征方面。同时，对于行为背后的动机、信念和情感这些描述感觉的元素，又很难用逻辑的、具体的文字进行表达。这是人格学说本身在研究方法方面的不足所造成的。其二，人们在生活中遇到问题产生内心困扰的时候，第一反应都是指向外部环境或人，也就是说，人们总是希望外在的环境以及身边的人可以发生改变，而很少真正地站在对方的立场去了解他们行为背后的原因，更谈不上真正地去觉察自己内心所追寻的价值感与成就感的满足是什么了。即便是正在学习心理学或人格技术者，往往也希望能够应用这些技术去改变别人，对峙环境。而当我们只是一味地运用技术去改变他人和环境的时候，却发现自己内心的困惑以及不满更加强烈，甚至让自己陷入了事与愿违的恶性循环中。总结来说，由于人格学说研究方法本身的匮乏以及人们思维习惯的原因，导致我们总是被不理解的事情所困扰，并因为困扰产生情绪，由情绪阻碍我们内在自我价值的探索。

在多年应用心理学的研究工作以及全国各地人格技术工作坊的活动中我发现，人们对人格特质的探索热情与日俱增，这正好印证了心理学界曾经流行的一个假设：人们对"我是谁？"这个问题答案的探索热情是与生俱来的。通过对当今众多的工作坊以及书籍的研究发现，大部分人群对人格学说所研究的领域以及人格本身还存在着一些误区。最主要的表现在，第一，混淆人格与性格的概念。性格是针对人们一系列行为表现，以及行为本身在现象方面的意义进行的研究。也就是说，将一系列有共同行为特征的人进行归类，并以相同行为在现象上的意义为核心划分性格维度。比如著名的卡特尔十六种人格量表、DISC 量表就属于性格研究的范畴。人格是研究人们行为背后的动机、信念和情感，并把相同的动机、信念和情感进行归类，从而划分人格维度，并以此作为帮助人们探索内在深层渴望与恐惧的有效工具。在人格与性格的比较中我们得出结论，人格是对人们在一系列相同行为以及行为现象意义背后所流露出来的不同感觉的研究和分析，是通过行为观察与性格评价技术，探索内在价值与成就取向的应用心理学技术。

人们对人格本身的误区还表现在人格研究技术本身所带来的心理暗示效应。虽然人格研究是针对人们行为背后的动机、信念和情感开展的，但最后仍旧需要用文字标签来定义人格维度，需要用大量的文字描述对人格维度的分析。这样一来就容易造成标签以及文字描述所带来的暗示效果。由于大多数人并不是心理学家或者是心理学专业人士，再加上上面提到的惯性思维的原因，导致人们很少愿意去觉察文字背后的感觉。这就让很多业余研究心理学或人格学的人们实际从事了性格研究的工作，给自己以及他人带来了困惑。

九型人格学说则是近些年来公认的比较有效的分析行为背后的动机、信念和情感的一门身心灵科学。其核心是应用人格评价技术，结合人性哲学等人本主义理论，通过观察、倾听、发问、体悟四个阶段（有些类似中医中的望、闻、问、切），把握人们内心的深层渴望与恐惧，从而找到有效理解并对质他人和环境的方法。这里，出现了九型人格学说的一个关键核心，即"深层渴望与深层恐惧"。深层渴望，是人们行为背后所要满足的内在价值感和成就感；深层恐惧，是人们行为背后所要规避的匮乏感与挫败感。身心灵学科认为，人们的一切行为都源自两种情绪，一种是爱，即九型人格中的深层渴望；一种是恐惧，即九型人格中的深层恐惧。但我们在现实中并不能时刻清楚区分这两种情绪所主导的行为，因为我们总是被外界的各种现实价值（如财富、头衔、地位等）影响着，从而产生事与愿违的内心困扰。通过九型人格技术，我们可以真正透过行为去觉察自己内在的深层渴望及困扰自己的深层恐惧究竟是什么。当一切都在自我内心得到解答的时候，我们才真正站在了对方的立场理解和接纳他们。那些原本存在的对人的困惑，如为什么他乐观我消极、他动力十足我懒懒散散、他浪漫我现实、他充满爱心我霸气十足等等，才能够得到最本质的解答。换句话说，只有当我们同时关注到自己内在的深层渴望与恐惧的时候，我们才能够发现价值感与成就感的本质来源，并始终专注在这份本质价值上，持续地收获成功的喜悦。然而，柏拉图曾经说过，"人们无法通过任何一种形式习得诸如爱、喜悦、感恩、价值感、勇气等这些本质价值，人们只能在生活中忆起这些本质价值"！九型人格可以说是为人们提供了一个探索并回忆这些本质价值的途径，这途径就是，通过对深层渴望与恐惧的探索，不断觉察自我内在的成就与价值感来源，并专注于不断满足深层渴望的行为中。

九型人格学说结合深层渴望与恐惧，将人格划分为九类。但朋友们需要注意的是，这九类并不是简单地将渴望与恐惧区分开，并让大家追寻渴望、规避恐惧，而是了解渴望与恐惧并存这一概念，如：

1号人格，渴望事事完美（深层渴望），是为了对抗内在的自卑情结（深层恐惧）。

2号人格，渴望一切被关爱（深层渴望），是为了对抗内在的无价值感（深层恐惧）。

3号人格，渴望成功后的鲜花掌声（深层渴望），是为了对抗内在的平庸感（深层恐惧）。

4号人格，渴望与众不同的人生（深层渴望），是为了对抗内在的不被理解（深层恐惧）。

5号人格，渴望了解一切知识（深层渴望），是为了对抗内在的孤独感（深层恐惧）。

6号人格，渴望安全感（深层渴望）是为了对抗内在的虚荣（深层恐惧）。

7号人格，渴望新鲜刺激（深层渴望），是为了对抗内在的焦虑（深层恐惧）。

8号人格，渴望一切尽在掌握中（深层渴望），是为了对抗内在的脆弱（深层恐惧）；

9号人格，渴望和谐（深层渴望），是为了对抗内在的迷茫（深层恐惧）。

如上所述，人们的每一个行为都是深层渴望与深层恐惧同时存在。本书将尽可能在分别阐述每一种人格的深层渴望与恐惧时，用大量实际生活、工作案例，帮助读者体悟渴望与恐惧相互依存的关系，并通过对人格对治方法的阐述，让读者在学习九型人格学说的同时，掌握九型人格在自我身心灵发展、职场生存、人际关系处理、情感婚姻发展等方面的实践功夫。当然，本书仍旧不能避免文字标签以及文字描述带给读者的暗示效应，我们希望每一位阅读本书的读者能够静下心来，从案例以及插画师精心为大家描绘的画幅中，细细体悟文字背后传达的指引行为的动机、信念和情感。

学习九型人格，不在于对峙他人，而在于觉察自我、了解自我、发展自我，并以此体谅他人、接纳他人、支持他人，从而实现共赢的效果。

毕竟，有效果比有道理更重要！

当然，本书还会有一些不足与未尽完善之处，还望读者谅解与指正，以帮助我在今后予以完善，毕竟"我是谁？我的人生将怎样？"的答案需要朋友们一起用生命探索！

感谢我的父母赋予我生命，并能够让我用生命与朋友们分享喜悦。

感谢我的妻子给予我无私的爱与支持，让我有勇气在应用心理学研究的道路上坚持。

感谢我的朋友们为我提供写作素材以及无私地分享案例。

感谢我生命中出现的每个人，因为你们的存在让我每天都生活在喜悦中。

最后，感谢正在阅读本书的您，正是您的耐心让这本书能够在更多人的手中传递，让更多人拥有这把开启探索内在自我大门的钥匙！

祝您阅读愉快！

黄信景

2010年于北京快乐心理工作坊

第一章 九型人格概述——深刻了解一项古老的人格评价技术

第一节 九型人格不是神秘学

"九型人格"一词，是对 Enneagram 这一英文词汇的翻译。Enneagram 源自希腊文 Ennea（"九"）以及 Gram（"图形"）这两个词语，是指由"九"所构成的"图形"，现在则专指九型人格学说。九型人格学说着重于研究人们行为背后的信念、动机和情感，分析人们行为内在的深层渴望与深层恐惧，并依此将人格特征划分为九种，再加上 Enneagram 本身的含义，因此，这一人格学说被习惯性地称为九型人格。

九型人格不使用或者不强调"人格维度"这一传统人格研究方法对相同行为的归类手段。九型人格学说使用"号码"这一名词，强调人格种类的概念。也

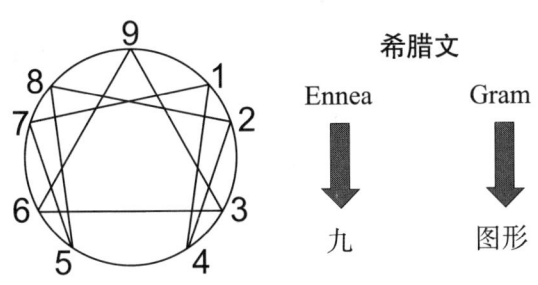

就是说，九型人格学说更加强调人格遵循某一个人格种类的方向发展并成型，成型后不因任何因素的影响而发生变化，但是在其人格种类内部，由于不同人的心理健康状况、能力素质水平的不同，人格特征的感觉大致会有"强烈、典型、一般"三个程度。这样一来，九型人格学说简化了以往人格学说要根据量表测量，再应用统计学的计算方法计算特征维度分数，最后根据数字分析行为特征的复杂研究方法。简洁并更为精准地定义;人格类型以及行为特征，并真正为人们提供了觉察自己、发展

自己、理解他人、支持他人的有效帮助。

综上所述,九型人格学说是一套将人格特征划分为九种,并研究九种人格特征的信念、动机和情感的人格研究系统。我们可以通过九型人格这个系统的学习,应用九型人格的各种技巧,更好地体谅和接纳他人的行为、思想和情绪,以宽容与感恩之心面对生命中的人、事、物。九型人格是我们修炼身心灵和谐发展的一门简洁却精准有效的好功夫!

为简约明了计,本书中对"某型人格特征(类型)"的表述,下文中均以"某号"表示。

人格特征的九型人格图形

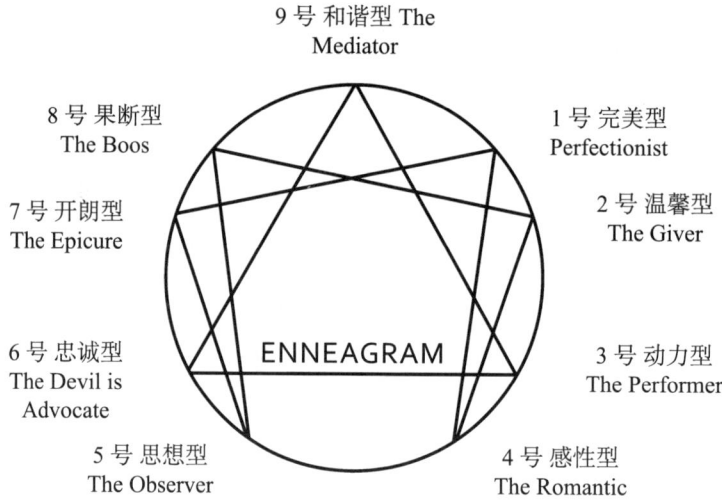

九种人格基础性特征简述

1号 完美型

严于律己,事事较真,原则性强,规矩众多,对人对事严格要求,一丝不苟,对人对己均纪律严明,是非对错界限清晰,给人一种紧张、压迫的感觉。

2号 温馨型

充满爱心,甚至是爱心泛滥,容易因爱而放弃原则,对周围的亲朋好友总是细心照顾,主动帮助,对自己则疏于关心,给人一种温馨、温暖的感觉。

3号 动力型

积极进取,目标性极强,喜欢与人竞争,并以竞争作为激励自己的方法,注重形象外表,并能够因时、因地制宜,给人一种干练、有型的感觉。

4号 感性型

追求浪漫,情感细腻,情绪化严重,对世间万物均有一份他人不可理解的情感体会,沟通的重点在于表达自己内心的情感,给人一种天生与众不同的感觉。

5号 思想型

为人处世相当冷静,很少出现情绪化的状况,条理清晰,事事认真并注重研究分析,少言寡语,总是将自己安置在旁观者的角色,给人一种冷漠、朴素的感觉。

6号 忠诚型

处事谨慎、小心,甚至过于小心,逻辑清晰,善于分析推理,为人忠诚、踏实,特别是对自己认可的人或环境甚至可以牺牲自己,给人一种焦虑、理性的感觉。

7号 开朗型

开朗活泼,精力旺盛,喜好新鲜刺激的事物并大胆尝试,一心多用,爱好繁多,永远是环境中快乐气氛的制造者,给人一种天真、乐观的感觉。

8号 果断型

果敢,豪爽,强势,敢做敢言,目标宏大,喜欢做大事,不愿把过多精力放在细枝末节方面,不惧怕困难,给人一种威严、霸气的感觉。

9号 和谐型

平和,安静,温文尔雅,言谈举止平易近人,很少情绪波动,与人以及环境总能够相处得当,很少拒绝他人请求,给人一种温和、宁静的感觉。

第二节 九型人格的前世今生

关于九型人格的起源,在学术界一直众说纷纭。其实,谈到九型人格的起源,更为确切的说法应该是 Enneagram 的起源。以前被大多数人秉承的说法是,Enneagram 起源于古老的苏菲神秘主义,并且经由苏菲教的宗师代代相传至今。这一说法在今天已经很难站住脚了,苏菲神秘主义原本是伊斯兰教的一个部落,在其部落统治的过程中,慢慢发展成了独树一帜的人性哲学理论体系,但归根结底仍旧是伊斯兰教体系的一部分,因此 Enneagram 起源于苏菲神秘主义就有些无从说起了。有效的解释应该还是要将 Enneagram 的图形和九型人格学说两者的起源分开来进行。

Enneagram 图形的起源

早在公元前 500 年(甚至更早)的时候,在古希腊的一些哲学记述中就出现了这幅图形,在一些天主教、基督教等宗教的非正式记述中也曾经出现过这幅图形,但由于没有正式的文字记载,当时出现这幅图形的意义究竟是什么,现在已无从考证了。正式的文字记载出现在两千五百年前的伊斯兰教派的苏菲

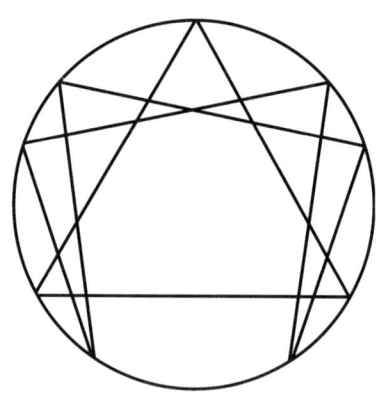

部落,当时苏菲部落应用这幅图形的意义在于占卜星象,有些类似于中国的周易八卦,但是由于传承的原因,具体应用图形占卜星象的方法当今已无处可寻了。因此,如果说 Enneagram 的图形有文字记载起源于两

千五百年前的苏菲神秘主义，那么是成立的，而九型人格学说的出现就是近数十年的事情了。

九型人格学说的起源以及发展

九型人格学说的起源可以追溯到20世纪20年代，著名的身心灵导师葛吉夫（G.I.Gurdjieff）在阿富汗的一间苏菲修道院中发现了这幅图形，并把它引入西方。葛吉夫一直致力于将西方的科学心理学与东方的灵性哲学结合起来，从而更为有效地帮助人们探索内在的心灵，实现身心灵的和谐发展。当时，葛吉夫只是应用九型人格的图形来描述人在心灵上可能的发展规律，以及人们如何应用内省而深入地觉察自己。因此葛吉夫目前被学术界公认为九型人格学说的启发者。

20世纪60年代，智利心理学家奥斯卡·伊查宙（Oscar Ichazo）是第一位正式应用这幅图形把人格划分为九类，并把九类人格正式分配在图形的九个位置上的人。

因此，九型人格学说的正式起源可以被锁定在20世纪60年代，而奥斯卡·伊查宙则是这一学说的创始人。

1971年，美国精神病学家纳朗佐（Claudio Naranjo）曾经跟随伊查宙学习并研究九型人格学说。他在结束学习之后回到美国，将九型人格学说结合当代心理学的系统理论以及人格理论架构，重新构建了九型人格的概念，把伊查宙对人格的发现进一步详细分析与表述，并应用在诊断人们在行为上可能产生的变化，以及这些变化所潜藏的心理疾病。在研究的过程中，纳朗佐逐渐发现，那些变化所潜藏的心理疾病其实就是人类行为背后的信念、动机和情感。同时他意识到，相对于用大量的时间去治疗那些心理疾病患者，自己在人格研究中的成果更大的意义应该是将九型人格发展成一套帮助更广泛的人觉察自己并发展自己的心灵的技术。于是，纳朗佐开始在美国加州授课，正式传授九型人格这门自我觉察的功夫。从此，九型人格学说广泛地在美国及其他国家普及开来。

纳朗佐也成为开创九型人格系统传承的关键人物。

此后，纳朗佐比较著名的弟子又将九型人格发展为两大流派。他们初期的发展情况如下图所示。

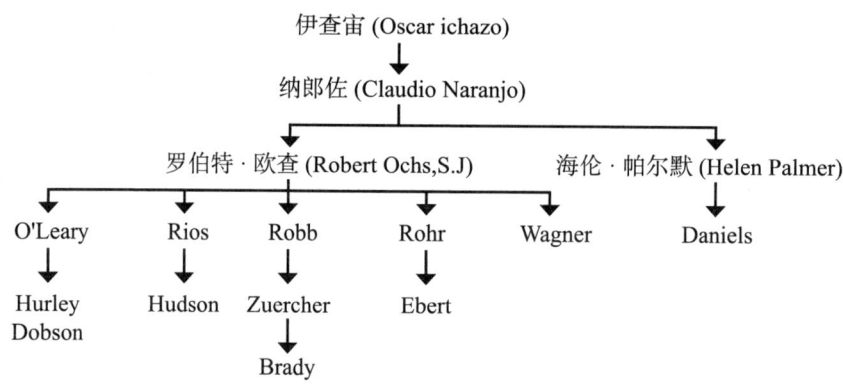

（来自九型人格彩虹课程的讲义资料）

从上图中可以看出，九型人格的发展可以分为两个派别，当今我们更为熟知的是海伦·帕尔默（Helen Palmer）这一派别。海伦·帕尔默先生不仅是国际九型人格协会的主要创始人，同时其著作罗伯特·欧查在《九型人格》（*Enneagram*）更是成为将数十年来口口相传的九型人格学说系统化、理论化的作品，全球畅销。

本书则主要以罗伯特·欧查学派为着眼点，展开九型人格在自我发展、修炼以及在职场、情感等社会实践中的应用。

罗伯特·欧查派别与海伦·帕尔默派别的区别在于对号码所属智能中心以及应用九型人格进行自我内在整合与发展的方法(包括对"九型人格图形")的解释有所不同,具体内容将在本章第三节、第四节予以说明。

1994年底，国际九型人格协会（International Enneagram Association）正式成立，自此以后，协会每年都在美国的不同地区举行年度会议以及论坛。会议聚集全球九型人格的研究者以及爱好者，包括九型人格专家学者、心理学家、心理医生、精神病专家、灵修导师、商业教练以及人生教练等各行各业的人士，会议以分享交流各自在研究以及应用九型人格领域的心得，共同促进和发展九型人格学说为目的，以期在世界范围内推广九型人格并帮助更多人应用这一技术发展内在自我为宗旨。多年来，协会一直在不断丰富、完善着九型人格学说理论本身及其技术在各个生活领域内的应用。

近年来，越来越多的人学习和应用九型人格来知己解彼，更多的心理学、灵修、教练技术等研究机构，也是以更科学的方法研究和发展九型人格学说。与此同时，九型人格学说在世界范围内也越来越多地受到高等学府以及正规教育的重视，如美国的斯坦福大学、哈佛商学院都专门开设了罗伯特·欧查派的九型人格的课程，北京的清华大学也开设了九型人格课程并成立专门的了九型人格的研究小组。

九型人格学说发展至今，已经被广泛地应用在各种学术研究以及社会实践领域。总的来说，九型人格的应用包括如下几个方面：

- 帮助自我了解内在的深层渴望与恐惧，以觉察行为的价值感来源并不断取长补短；
- 帮助自我体谅他人，理解其行为背后的动机，并采取有效的相处策略，提升人际关系；
- 帮助企业在人力资源管理中开展人事测评，进行团队建设与维护，提升人际沟通效果，辅助构建企业能力素质模型，促进组织绩效；
- 帮助情侣或夫妻相互包容，改善情感沟通的效果，提升爱的感觉并以此改善相处关系；
- 帮助父母发现子女的人格天赋以及潜能，并在教育培养的过程中采取有效的教导方法发展他们，从而提升亲子关系；
- 帮助心理咨询师、治疗师以及身心灵导师更为有效地帮助他们的当事人发现自身未利用的潜能以及错失的机会。

第三节 九型人格图形正解

"九型人格图形",正式起源于两千五百年前的苏菲神秘主义,当时被用来占卜星象,因此,这图形最原始的意义在今天已经很难找到。因此,我们在解释这幅图形时,则要结合九型人格与传统智慧以及葛吉夫先生当时应用图形所描述的人们心灵可能出现的发展规律来进行。

三角形:在传统智慧上代表"三"之法则,意思是说世间万物在其内部均受到相互依存的三种力量的影响而存在。在九型人格学说中,它代表构成人格特制的基础单位(也是人格类型划分的基础单位),即"智能中心":脑中心、心中心、腹中心。每个人的人格都是由这三个智能中心的能量所构成,其中一个智能中心占据绝对的统治或主导地位,从而决定其典型的人格特征。同时,根据人们的能力素质高低以及心理健康水平的不同,人们的行为会根据一定的规律在三个智能中心的内部发生变化,从而出现恶性循环或良性整合的人格发展,但其核心智能中心始终不变。有关智能中心的分类以及具体含义将在本章第四节中描述。

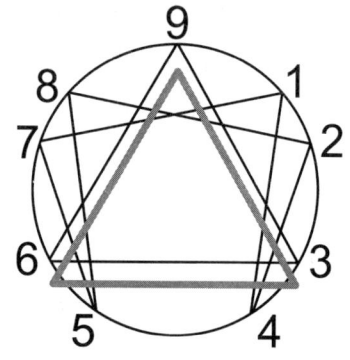

脑中心:1号 5号 6号
心中心:2号 4号 9号
腹中心:3号 7号 8号

六角形:传统智慧上代表"七"之法则,意思是世间万物均会以其本体作为起点,然后遵循一定的规律开始发展并最终回到起点。在九型人格中的意思则是,每个人都会以九种人格当中的一

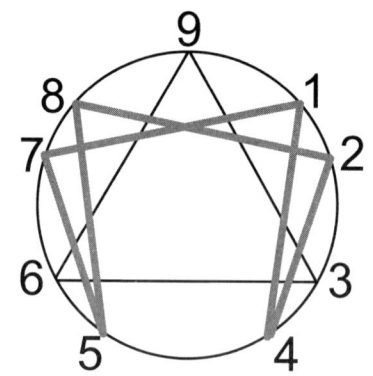

种作为绝对的人格特征,并表现出相应的行为特点,但在其能力素质高低以及心理健康水平不同的情况下,行为的表现会出现恶性循环或良性整合的人格发展,无论人格是向哪个方向发展,最终仍将回到本质人格的位置,也就是说其核心人格始终不变。

圆形:传统智慧上的意思是完整、圆满、合一。在九型人格中则表示,人格无论遵循恶性循环还是良性整合,最终都将完成如一的回归,但其回归的结果(也就是最终人格所指导的行为),给身边人的感觉截然不同。恶性循环之后给人的感觉是执着于人格标签以及行为描述的特点,并以此作为自己一切行为的

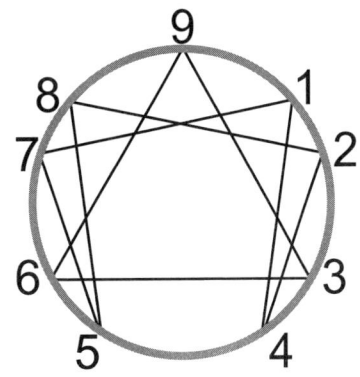

理由;良性整合之后给人的感觉则是释然与和谐,不纠缠于某一种人格特质,而是用九型人格不断觉察自我内在的渴望,并吸纳其他各种人格对自己满足渴望的有效行为特征或元素,让自己始终处在和谐的状态中。也就是说,我们可以活出全部人格特征的完满人生。这也是每一个追求自我发展的人的追求目标。

九型人格中的恶性循环规律:

１４２８５７１及３９６３。简单来说,其恶性循环的意义就是:有着1号内心的教条以及各种原则、标准,像4号一样很难用准确的语言描述出来,但却认为这些原则和标准是自己与众不同的特质;之后又像2号一样,认为这些与众不同的特质,根本上是为了关爱和帮助别人;于是采用8号的特征更为强

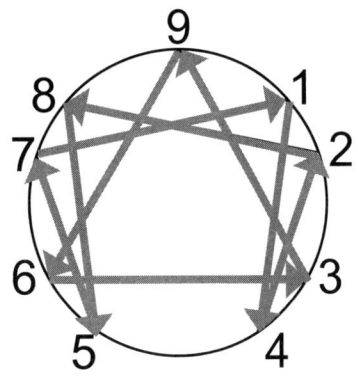

势地去灌输这些原则和标准;同时,采取5号的归纳和条理性,将原则

和标准罗列得细之又细；接着产生了以发现错误并整理这些错误行程标准为乐趣的心理；最终成了恶性循环的教导主任。3号内心对成功后鲜花掌声的渴望像9号一样，太过于关注人们表面上的赞赏，就落入了追求虚荣的状态中，于是被各种名利所困；此时又像6号一样将焦点都放在了名利可能出现的负面情况上，导致行动力减弱，进而更加虚荣；最终成为一个忽略鲜花掌声背后的实际行为、贪慕虚荣的变色龙。

九型人格中的良性整合规律：

1 7 5 8 2 4 1 及 3 6 9 3。简单来说，良性整合的意义就是，1号的内心对人对己的苛刻要向7号一样，首先懂得关注到自己已经取得的成绩，并为之快乐；之后再像5号一样把那些取得成绩的方法思考并整理出来；关键在于思考整理之后要像8号一样勇敢地采取行动，身体力行地推广这些方法；同时采取2 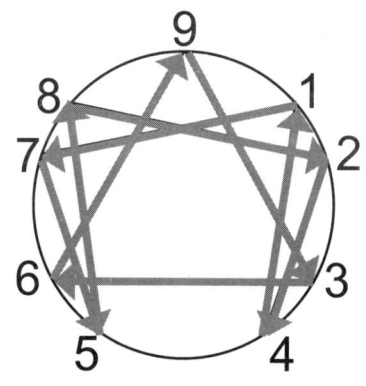号关爱的行为方式让身边的人能够更好地接受；并像4号一样关注到自己在采取行动帮助别人的同时内心所收获的那份喜悦的感觉；最终成为进步改革者。3号在追求鲜花掌声的时候像6号一样，能够始终内省自己所追求的是鲜花掌声背后那带来成功感觉的行为，同时像6号一样把实现目标过程中的风险考虑周全，关键在于采取行动追求目标防范风险；此时才能够收获真正目标达成之后的成就感，而不是采取拒绝或回避他人或环境的方法规避风险的片刻宁静；此时，内心才会像9号一样感受到防止或解决一切风险之后与人以及环境和平相处的安全以及与世无争的和谐；最终成为思考、行动、收获三者合一的和谐追随者。

在这里需要解释一下为何3号、6号、9号人格在良性整合或恶性循环中只需要在三个号码本身进行的原因。其实从Enneagram图形就可以看出，3号、6号、9号正好占据三角形的三个顶点，而三角形代表人格行程的三个智能中心,即脑中心、心中心、腹中心,这三种人格中的每一个都具备其智能中心当中其他两个人格特征的感觉。具体分析如下。

脑中心者中的1号,虽然对原则、标准的要求极高,但是缺乏系统的思考,也就是将众多原则和标准系统地关联起来并举一反三的思维方式;5号虽然在系统思维以及条理性的构建体系方面具备与生俱来的天分,但是由于太过于专注思考和钻研,导致行动力缺乏;6号正好具备逻辑性的构建系统并采取行动实现系统目标的人格特征,虽然其容易陷入过分关注风险的困境中,但其人格特征仍旧存在整合1号与5号的特点,因此6号可以算是脑中心的代表。

心中心者中的2号,虽然对他人总是充满关爱,并能主动地采取行动去关爱和帮助他人,不断满足他人的需求,但是对自己内心的渴望却总是忽略甚至根本不曾关注过,这就导致在2号采取关爱行为没有得到对方回应的时候,内心产生巨大的不平衡感,甚至引发人际冲突;4号虽然始终关注自己内心的感受,但却疏于语言上的表达,无法让身边的人真正理解或明白4号情绪变化的原因,导致4号内心渴望被理解却始终得不到的纠结,然而4号却不喜欢针对那些不理解的人进行语言上的辩解,他们仍旧把这份不理解标榜成自己的与众不同,因此不屑于表达;9号则正好是在关注别人、满足别人的要求时,注意到自己内心的感受,或者说9号关注他人、帮助他人的根本动力,源自自己内心收获平和的感觉,虽然9号有时会混淆他人与自己的内心感觉从而使行动失去焦点中,但其人格特征依然具备并弥补了2号与4号的特点与匮乏,因此9号是心中心的代表。

腹中心者中的7号,虽然乐观开朗,行动力强并且目标众多,但是其追求新鲜刺激的行为有些时候是为了逃避痛苦,这就导致7号因为无法真正解决问题,而在新鲜刺激的快乐感觉过后仍旧要面对内心的痛苦,并出现过分压抑痛苦的情况;8号虽然不畏艰难,行动果敢,但是其把一切困难视作环境或人与自己的战斗的特点以及不拘小节的习惯，容易让自己陷入疲于处理恶劣的人际关系的状态中，从而出现自己在退去强势武装的时候内心感到脆弱的苦闷；3号则是思维敏捷，反应迅速，并将一切困难视作自己接下来要奋斗的目标，因此从不回避痛苦，反之还能从痛苦中获得动力。与此同时，3号极为关注身边人与自然与自己的关系，因为他们渴望得到所有人和环境的鲜花掌声，所以人际关系处理得非常好。虽然3号有些时候会陷入追求表面的人际关系状态以及迷失原始目标的困境中，但其人格特征还是很好地融合了7号的乐观性以及8号的果断性，并弥补了7号的逃避性与8号的强势性。因此，3号称为腹中心的代表。

综上所述，3号、6号、9号具备了各自智能中心其他号码的特点，因此在其整合过程中，每进行一次号码的整合就相当于完成了3个号码的发展，这样3号、6号、9号只在其三个号码内部进行循环就足够了。有关自我的恶性循环以及应用九型人格技术进行自我心灵良性整合的方法将在本书第六章中具体说明。

有关九型人格图形的另一种说法是：一个人格号码旁边的两个人格号码是这个号码人格的补充。因此，对于圆形的解释就演变成侧翼或翅膀；人在压力和快乐状态下人格会向不同的两个方向改变，因此，对于三角形和六角形的说法就演变成对向变化。这一说法比较流行，但需要注意，这一说法所强调的是：在不同情况下人格特征所表现出来的行为所发生的变化，但无论行为如何转化，其人格特征还是绝对不变的。另外，人本身存在于社会当中，其状态是相当复杂的，九型人格作为一种研究复杂人格的方法以及自我整合的技术而言，其最大的优势就在于简洁、精准地定位行为背后的信念、动机和情感，从而定义人格特征。如果将其本身再复杂化，恐怕世间又多了一门让人费尽心思研究并各执己见的学说。这样一来，九型人格本身除了能够造就更多的专家学者以外，其开创之初，帮助人们有效地进行身心灵发展的宗旨，就根本无法实现了。当然，朋友们可以根据自己的价值取向来选择两种不同的解释方法，因为究竟哪种说法更为有效,这个效果则是根据价值定位来决定的。但需要强调的是:无论你选择哪种说法,你都要明确自己是否选择了效果,毕竟有效果比有道理更重要!这也是九型人格学说本身所追求的宗旨。

第四节 智能中心分类法与九型人格的识别

智能中心是九型人格学说分类人格的核心技术,也正是因为智能中心理论,人们用九型人格技术来识别人格特征才变得简洁、精准。

在这里,首先要明确智能中心究竟在描述什么。智能中心的概念并不是说人们用哪个部位思考来面对人、事、物,而是在描述人们在环境、理人际关系过程中的思维反应类型以及这些思维所体现出来的感觉。

脑中心	1号 5号 6号	用逻辑、条理、标准来思考和分析人、事、物
心中心	2号 4号 9号	用情感、感受、关系来经验人、事、物
腹中心	3号 7号 8号	用本能、直觉、感觉来反映人、事、物

简单来说,脑中心者的人格特征属于用逻辑的方法来思考和分析人、事、物,预料未来可能发生的变化;心中心者采用总结过去发生的事情或建立的人际关系来体会其中的内心感受;腹中心者则根据当下看到、听到、触碰到的人、事、物直接反映行为。可以说,脑中心的思维方式指向未来,心中心的思维方式指向过去,腹中心则直接反应当下。

用智能中心技术可以迅速有效地识别人格所属的类型,然后根据类型对人格特征进一步判断。也就是说,我们在与人交流的过程中,会根据对方行为所表现出来的感觉,首先判断他是属于哪一个智能中心,此时就已经把人格特征缩小到了三个号码的范围内,然后再根据不同人格特征的感觉分类技术在三个号码中做进一步的人格判断,最终得出人格定位。这一方法虽然放弃了传统人格研究的量表测量以及统计分析,但其对行为背后的动机、信念和情感的判断和定位却极为精准。下面详细介绍这一判断方法。

在判断人格特征时,首先用智能中心技术感受、分析对方在言谈举止中传达出的信息,这种感觉与解析力,就是不同智能中心在行为上表现出来的思维反映类型。具体内容见下表。

智能中心的感觉划分对照

比较类型\智能中心感觉	脑中心 1号、5号、6号	心中心 2号、4号、9号	腹中心 3号、7号、8号
接受及回应信息的思维反映方式	用思考、逻辑的方式,通过想象来分析及综合事件之间或与人之间的关系,得出绝对结论	以无声的感受去体会别人的需要、心情及与他人的关系。一切以内心的感受出发,而不是对人或事的想法	以身体的感觉(视觉、触觉、味觉、嗅觉、听觉及直觉)来反映自己与人和环境之间的关系,以及自己的需要
关注人、事、物的时态	将来、还未发生的情况或未建立的人际关系	过去的经验或已经建立的人际关系或情感	当下正在发生的事情或正在发生的人际交往
比较容易出现问题或困扰的范畴	由于思考、分析过多而导致行动力不足	由于太过关注情感,反而出现与他人情感方面的错位或误解	由于太过关注眼前以及太过直接的行为方式,自己与外界的关系陷入混乱、迷茫状态之中
经常影响自己的情绪	自卑、焦虑、恐惧	无助、羞愧、纠结	挫败、无聊、愤怒
行为背后的价值追求	事情按自己预期的方式发生的安全感	被接受与认可,得到理解,被爱与受关注	证明自己的实力,一切尽在掌握
处理影响自己情绪的策略	以逃避的方式躲避情绪的影响	以加强被关爱、怜爱的自我形象来填补情绪	以直接的捍卫行为来维护、巩固自主的实力并以此对抗情绪
平衡此智能中心能量的方法	以憧憬、观想的方式练习画面式的思考,锻炼自己的视觉思维及联结事情的能力,如冥想、内观练习等	各种听觉的练习,并跟随声音体会内心的情感变化,锻炼准确把握自己的内心并有效表达的能力,如收听灵修音乐、重复吟诵灵修话	以各种呼吸练习、身体姿势平衡技术来锻炼自己的耐性以及修炼身体反应外界的方式,平衡身、心、灵的关系,如太极拳、瑜伽、身心

在应用智能中心技术对人格进行了初步划分之后，我们还需要更为精准地把人格总智能中心的大范畴定位到具体某一个人格类型上，此时我们就可以使用人格类型划分技术来进一步定位。人格类型划分技术指的是根据觉察人的能力素质水平、心理健康状况以及"情绪、环境、行为"三位一体的反应模式所对应的人格行为表现类型来精准定位人格特征。这里的能力素质水平指的是人们行为所体现出来的能量感觉。心理健康状况指的是人们在面对压力或身处困境时的行为反应状况。"情绪、环境、行为"三位一体的反应模式指的是人们在对治环境、处理情绪的行为中调动智能中心的能量所表现的感觉。具体内容如下。

以个人能量高低以及面对外界时的交际风格分类

交际风格 \ 人格类型 智能中心	思想 脑中心	感性 心中心	直觉 腹中心
能量高 主动 对向别人	1号	2号	8号
能量适中 互动 投向别人	6号	9号	3号
能量低 被动 远离别人	5号	4号	7号

（参考嘉伦康妮的人际关系分类）

对向别人 有点对抗别人的倾向，凡事主动，对自己的需要会努力并直接表示，甚至有点自我膨胀的感觉。

1号总是主动将自己对事情的要求、原则和标准灌输给他人，并直至对方接受为止，其背后的动机在于事实证明我是对的。

2号总是能够觉察到他人的需求并主动采取行动来满足对方的需求，并以成就他人作为自己的行动宗旨，背后的动机在于用关爱的行动换取被爱的满足。

8号为了能够时刻主宰自己的人生，总是有意无意地与他人或环境对抗，甚至是战斗，他人在自己面前必须给足面子，其行为背后的动机是不可以有被控制的感觉。

投向别人 经常有一股内在的驱力推动自己"要去为他人做一些事"，但喜欢在对方提出要求时采取行动。下意识地有一种自觉比他人优越的感觉。常努力做好自己以达到自己或别人对自己的期望。

6号总是在自己认可某人或组织之后，愿意为了组织牺牲自己的原则或收获，但要在某人或组织明确提出要求的情况下，并喜欢以逻辑的分析帮助有需要的人，其行为背后的动机是逻辑分析得出的风险评估和对策总是对的。

9号总是能够体察到身边人的情感和情绪状态，并在他人提出需要帮助的时候第一时间满足他人的要求，经常充当和事佬的角色，其行为背后的动机是和谐的关系是感觉自我存在的关键。

3号总是喜欢将自己经历过或正在经历的好的事物分享给更多的人，但这些又限定在与自己目前关系不错或目前正好有相同需求的人身上，其行为背后的动机是得到他人感谢自己的评价。

远离别人 把能量指向内在的自我，着重于满足自己的需要，远离的方式有身体上的远离与精神上的远离。

5号总是喜欢以旁观者的角色默默地观察身边的人、事、物，然后回到自己的空间，安静地研究观察的所见所闻或自己感兴趣的知识，其行为背后的动机是与人接触所带来的情绪会影响自己的冷静。

4号总是在遇到他人不理解自己的情感或情绪变化时，不再进行表达或申辩，进而加强了一种我见犹怜或冷艳的感觉，其行为背后的动机是自己是与众不同的这一事实无须说明。

7号总能够在环境或人群中扮演开心果的角色，但有时候他们的笑话或娱乐环境的行为却不能引起他人的反响，此时7号却自己乐在其中，仿佛刚刚的行为全然是为自己做的，有点自娱自乐的感觉，其行为背后的动机是"闷"总是不好的,所以大家闷我就自己娱乐消遣吧。

以面对压力或身处困境时的行为反应感觉分类

反应感觉＼人格类型＼智能中心	思想 脑中心	感性 心中心	直觉 腹中心
正面乐观	1号	2号	7号
抛开感觉 理性行动	5号	9号	3号
情绪反应大 依赖与独立的内心对抗	6号	4号	8号

(参考 Don Riso 及 Russ Hudson 的分类方法)

正面乐观 喜欢激发和帮助他人,令别人感觉一切美好。常抗拒自己的负面情绪。

1号总是用"如果你这样做,一定能做得更好"的方式激励他人,特别是在自己或他人遇到问题的时候,正好满足1号"事实证明我是对的"这一动机,并以此为由进一步推行自己的原则和标准。其行为背后的信念是一切总能够做得更好。

2号总是在遇到问题或压力时告诉自己,一定是自己的关爱还不够,所以才导致自己以及他人遇到问题,因此继续加强自己的关爱行动,让他人更加沐浴在一份爱的关怀中。其行为背后的信念是只有自己无私的关爱才能让自己以及他人快乐。

7号在遇到问题或压力时总是直接转移关注的焦点,把目标和行为转移到积极快乐的事情上,其开朗和开心果式的行为,能让他人及自己都迅速忘记问题或压力所带来的困扰。其行为背后的信念是一切并没有想象的那么糟或车到山前必有路。

抛开感觉,理性行动 客观理性,能抛开私人感情,以自己有能力的一面去面对及处理困难。

5号总是在遇到问题的时候退守到自己的空间进行理性的分析和研究，以远离别人和问题环境的方式避免情绪影响自己的判断，表现出更为理性的特点。其行为背后的信念是知识就是解决一切的力量。

9号在遇到问题时则抛开觉察他人的感情，并将焦点转移到自己内心的感觉上，并以此构思解决问题的方法，且由于9号在语言以及身体语言风格上的温和特性，更给人一种理性面对困难的感觉。其行为背后的信念是任何的冲动都会破坏自己的存在感。

3号在遇到问题时，会迅速将问题转化成自己接下来为之奋斗的目标，并因此增强自信，之后以这份自信为动力，坚持不懈地去寻找解决问题的方法并采取行动真正解决问题，此时所表现出的快速反应以敏锐思维，给人一种理性的感觉。其行为背后的信念是没有自己的实力不能解决的事情。

情绪反应大，依赖与独立的内心对抗之间　　处理问题或解决压力冲突时，显得很情绪化，需要别人首先了解及认同自己的感受，并把情绪解决之后才可以解决问题，对信任产生怀疑，并经常徘徊在究竟是继续依赖别人还是自我独立的矛盾中。

6号在遇到问题的时候，由于出现了在其原本逻辑分析以外的情况，随之产生一种身处意料之外的焦虑状况，因此抛开结合人、事、物三者的理性分析，转而进行针对人的是非对错的逻辑分析，并以自己的分析为绝对结论，决定自己的对治环境和处理人际关系的方法。但要采取行为时，又害怕自己会面对更大问题而陷入纠结。其行为背后的信念是一次"背叛"百次"不忠"。

4号在遇到问题时，一方面认为这是由于自己的与众不同不被理解所造成的，但自己就是与众不同，因此无须解释；另一方面又因为自己的不屑一顾加深了不被理解的程度，让自己更加陷入渴望理解又得不到的纠结中，进而以情绪化的行为表达自己，这又继续加深了自己内心的依赖与独立的对抗与矛盾。其行为背后的信念是自由也要，宠爱也要，或鱼与熊掌兼得的纠结。

8号在遇到问题时，因为要继续扮演强者的角色，身上所背负的责任、使命等这些无形的盔甲总是不能脱掉，因此不会给人需要帮助的感觉，这就压抑了8号内心对得到帮助的渴望，导致压力越大、情绪反应越大，这情绪来源于无助感与是否放弃强者面子的内心对抗。其行为背后的信念是不能被人同情或发现内心的脆弱。

以"情绪、环境、行为"三位一体的反应模式进行分类

反应感觉 \ 智能中心	思想 脑中心	感性 心中心	直觉 腹中心
情绪	思想	感性	直觉
行为	直觉	思想	感性
环境	感性	直觉	思想

（参考阿德勒的人性立场理论）

心理学家阿德勒认为，人是由"情绪、环境、行为"三者构成的不可还原的整体。意思是说，人们一定是生活在环境中，并不断地采取对治环境的行为，并在对治环境的行为产生情绪之后，再根据情绪采取行为对治环境，从此周而复始地循环。这一理论我们可以在判断九型人格的智能中心类型时加以应用。

脑中心者对环境的反应总是强调内心的感受，并因感受产生情绪，之后对于情绪又总是用逻辑的、思想的、条理的方式表达出来，因此总给人一种没有情绪的感觉，其行为恰好总是经过上面的思想加工过程而表现出来，虽然在时间上会慢一些，但其实质仍旧是直觉的。这也印证了脑中心总是通过想象和分析指向未来的事物或人并得出结论的特点。

心中心者直接用感官感觉环境，并不过多用情绪加工对环境的感觉，他们的感受加工更加集中在情绪本身，也就是说，没有环境的影响，心中心的人仍旧情绪丰富，这就导致他们的行为极具思想的引导，因为情绪总是需要通过思想的方式被贴上标签，否则内心是永远无法清楚自己正在经历什么情绪的。这样看似是心中心人的行为情绪化或感性，实则他们的感性正是经过深思熟虑之后表现出来的，这印证了心中心总是通过总结过去发生的事情或已经建立的人际关系来采取当下行为的特点。

腹中心者往往把思考的焦点放在对环境的分析和解读上，这样他们才能够通过现象上的环境元素给自己的行为提供更多的资料，这就使得他们的行为表现出感性的特点，因为其行为已经在发生之前通过对环境的分析做出了预期，而行为的过程本身就像结果出现一样，总是给腹中心的人带来各种内心的感受，而这些感受腹中心的人则以最直接的方式表现出来，这就是他们以直觉来表达情绪的特点，原因在于他们把大量的时间都用于分析环境和体会行为上，不愿意再用时间去揣摩情绪，因此正好印证了腹中心着眼于当下并直接表达感官感觉到的情绪的人格特点。

用智能中心以及人格分类技术判断九型人格特征的流程，可以总结为：

首先，应用《智能中心对照表》以及《三位一体反应模式表》进行智能中心感觉判断；其次，应用《个人能量对照表》以及《困境反应模式对照表》进行人格特征定位。做到这一步我们就可以准确地定位人格特征了。

当然，对于每一种人格特征的详细掌握，将更有助于更好地体悟行为背后的信念、动机和情感，这些内容也将在本书后面的章节分别以人格本身的特征、职场表现以及情感表现来详尽表述。关于如何区别相同人格特征的技术，也就是更加深刻地洞悉感觉的方法，将在本书第五章中讲述。

第五节 人格的形成及学习九型人格的核心要素

人格的形成

人格究竟是与生俱来还是后天受环境影响逐渐形成的呢？这个问题一直是心理学界以及人格研究领域争论的焦点之一。不同的心理学派都坚持各自的观点，其实融合一下各家的说法，我们可以认为性格是先天因素以及后天影响二者共同作用的结果。对这一观点的解释仍旧要将先天和后天分开来进行。

先天形成 心理学通过对人知觉的研究发现，人在受孕三个月的时候就已经具备了听觉和触觉，听觉则主要表现在目前对胎儿的言语方面以及孕妇所经历的环境中的各种声音。触觉则表现在两个方面，一是胎儿处在羊水的包围中，羊水的温暖和冲击对胎儿本身就是一份触碰；二是人们抚摸孕妇的肚子时所传递的触碰震动。站在听觉与触觉在受孕三个月时出现的观点上看，早期父母的声音以及触碰对孩子性格的形成起到了关键作用。这一角度支持了先天因素造就性格的说法。

后天影响 俗话说三岁看老。孩子从落生开始便与身边的环境密切相处，至三岁左右父母对孩子每一次啼哭、微笑及任何一个行为的回应，都会影响到孩子性格的形成。举例来说，比如孩子每次哭喊都得到食物，那么孩子的心理就会有可能出现情绪激动——得到物质满足的惯性模式。这样就有可能塑造了孩子心中心的人格特点。因此，孩子三岁左右时，其性格特征就已经基本形成。之后三至十五岁期间，孩子根据某种性格特征开展学习和生活，性格特征慢慢地稳定下来，在十八岁左右最终成为人格特质并终生稳定。

从理论上说，孩子在十八岁以前父母都可以通过有效的教导来塑造其人格。但现实情况是，每一位父母都不可能时刻理性和清醒地采取所谓的教导方法来塑造孩子的性格。因此,用九型人格在关于子女培养上的意义在于,发现孩子人格特征中的天分,在其成长过程中帮助他们发挥这些天分。总体来说要遵循这样一个原则:永远激励孩子做对的事情,不必惩罚他的错误。因为对错永远是父母的评价,而孩子在人格上的天分,有可能因为父母的评价而被压制。

学习九型人格的意义

既然人格不可改变,那么我们又为什么要选择学习九型人格这门功课呢?

要回答这一问题,我们首先要明确人格究竟在表达什么?这还是要用性格形成的过程来说明。

人的内心或者说存在的状态包含三个元素:"理想中的我"、"现实的我"、"真我"。"理想中的我"就是我们为了生存或者对治环境以及处理人际关系时为防止自己受伤害而调用的各种策略。这一层面可以让我们有效地适应环境,但容易让我们陷入意识形态的限制中,也就是说,我们误以为"理想中的我"就是自我,而活在了别人为我们制定的形象当中。"现实的我"就是我们发现,在"理想中的我"层面所调用的策略,其根本是为了满足内心对人格价值被满足的渴望。这些渴望就是九型人格学说中提到的深层渴望,也就是行为背后的信念、动机和情感。最后,"真我"就是我们觉察到人格价值被满足之后自己内心体会到的感觉,也就是那份存在的状态。举例来说,人们为了保住工作而不得不忍气吞声甚至放

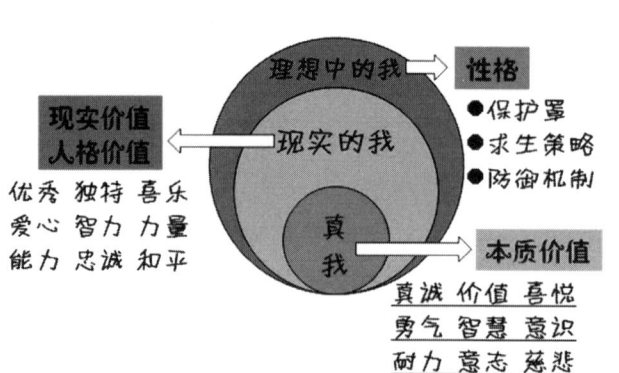

弃梦想，因为每当梦想出现时，总会有声音出现告诉你"不要白日做梦"、"做人要现实一点儿"等，殊不知这样反而让自己"现实的我"被抑制了。如果换一种视角，我们发现，忍气吞声等行为并不是为了适应生存，而是为了实现梦想而在此刻做的正确选择，比如为了追求优秀或者与众不同或者财富等，那么当我们发现这些人格所要追寻的价值满足时，内在的动力就被第一次激发了，我们不再会觉得做"理想中的我"是如此的困难，甚至会乐于尝试各种方法去实现目标，因为在这一刻，"理想中的我"已经和"现实的我"融为一体了。到了这一步，我们如果不能觉察到比如优秀、与众不同或者财富实现之后内心的感觉是什么的话，我们仍旧会被人格价值所困扰，最直接的情况就是变得患得患失。因此，当我们体悟到人格价值实现后的那份喜悦的感觉时，我们内在的力量才真的被彻底唤醒，这时我们便活在"真我"的状态中，并时刻都能感受到内心具足的感觉。达到这一步的关键就是我们必须发现自我的人格以及人格价值究竟是什么。

九型人格就是针对人格价值而不再仅仅是行为意义做探索的一门功夫，我们每一个行为背后的信念、动机和情感，就是关于"我是谁"这个问题的精准答案。

如果你是鸟儿，那么就展翅高飞；

如果你是鱼儿，那么就遨游四海；

如果你是马儿，那么就驰骋九州。

学习九型人格的意义在于：正确地定位自己，并发展自己的人生！

学习九型人格的注意事项

首先，在学习和应用九型人格探索自己的过程中要注意的是

● 勇敢地接受自己是任何一种人格的可能，我们总是被所谓的人格缺点或不足所阻碍，归根结底是我们不愿意面对内心的恐惧。在九型人格学说中，没有对人格特征好与坏的评价，我们要时刻明确，我们所看

到的每一个描述都只是人格上的不同，仅此而已。不要被自己内心的好与坏的评价所干扰，你有可能因此错失了发现真我的机会。

● 时刻明确"理想中的我"和"现实的我"是不同的，你越是想成为理想中的人则有可能越是陷入人格的误区或者恶性循环中。你要首先弄明白，你努力想成为的那个人究竟是你的理想还是别人的理想。

● 时刻清晰我们应用九型人格技术所分辨的是行为背后的信念、动机和情感，而不是行为本身，不要专注于人格标签（如1号完美型、3号目标型）以及行为描述（如1号的人追求完美，原则性强等），虽然九型人格也无法完全避免标签和描述带给人们的暗示效应，但我们再次强调：希望每一位正在阅读并应用此书学习九型人格的朋友，更多地去通过文字体悟行为背后的信念、动机和情感。

● 时刻觉察自己在成长过程中所受到的影响，包括父母的影响、当前心理状况的影响以及已经习得或修行的影响。这些因素都有可能让你困惑于文字描述和标签的暗示效应上。

其次，在了解自己以及别人的人格型号之后以及过程中我们要注意的是

● 当我们了解自己的人格型号之后，一定会迫不及待地应用九型人格技术去判断身边的人。在这里我们想提醒大家，在一开始应用九型人格技术判断他人的时候，不要急于告知对方是哪种人格型号，因为你还没有达到能够深刻、熟练地应用九型人格技术的程度，先默默地观察，有可能你今天判断的人格型号的感觉在明天就发生了变化，那么如果你反复修改，最终不但自己迷惑了，反而还觉得身边朋友你太过浅薄的评价。因此多多观察，慢慢体会，待到这功夫炉火纯青时，判断自然精准无误了。

● 不要应用人格型号对人进行好与坏的评价，更不要用所谓的人格弱点去操控别人。因为人格本身只是不同而已，如果你利用所谓的人格弱点去控制身边人的话，那么就更是歪曲了学习九型人格的意义。比如：

他是6号,所以总是畏手畏尾,不敢行动,这是他致命的弱点啊。我正好利用这一点经常为他制造指向未来的恐惧,让他永远依赖我。那么你有可能收获一时的效果,但最终定会受到身边人无情地抛弃。

● 不要以人格的特点作为自己行为的借口。比如:我是9号,所以不要让我加班,因为我关注自我存在的状态并且不愿改变习以为常的存在感。这样一来,你仍旧陷入了行为本身的意义,并执着于行为现象本身了,内心真正和谐存在的价值感则又一次与你失之交臂。你愿意收获真正的深层渴望还是永远逃避恐惧自欺欺人呢?

● 不要用人格型号把人绝对定性。比如:他是4号,因此他不能胜任高端职位,因为他总是处事情绪化。这样的话你仍旧被人格标签所影响,并因此限制了事情的发展以及他人可能出现的成长。更为重要的是发挥不同人格型号的天分,全面发展。

最后,我们再次强调学习九型人格的意义在于:

了解自己 接受自己 发展自己

体谅他人 欣赏他人 支持他人

现在,你明确了九型人格是一门怎样的学说,你清晰了九型人格是一项研究行为背后的信念、动机和情感的技术,你了解九型人格是简洁、精准地定位人格特征的方法,你懂得了学习和应用九型人格修行自我、发展他人的关键。

现在,你一定迫不及待地希望详细地了解每种人格型号的特征、深层渴望与恐惧、沟通与行为风格,以及不同人格型号在职场、情场中的行为、动机、情感表现和有效处理不同人格型号的人际关系处理技巧;更进一步识别具体人格型号特征的方法,特别是区别相同行为甚至是相同感觉的方法;以及不同人格型号如何应用九型人格的修行心法修正自己当先可能存在的恶性循环,开展自我内在的良性整合。

针对这些渴望,我们还是希望你能静下心来思考:

现在，你真的决定要活出好型了吗？你真的做好开始探索"我是谁？"这个问题的答案的准备了吗？

把你的答案写在这里_____

并郑重地签下自己的名字_____

记住这一刻。此刻,让我们正式开启探索自我内在深层渴望的旅程！

祝您旅途愉快！

第二章 九种人格特征的深度分析与对号入座

测试：如何找出自己的人格定位

步骤一 仔细阅读以下九段"自我陈述"。

A 我性格乐观开朗，凡事都喜欢看好的一面。我酷爱自由，讨厌限制，喜欢有很多选择。我经常寻求不同的开心体验，我很馋嘴及兴趣繁多。做事欠缺耐性及不够专注，重视享受过程多于注重结果，有时或会半途而废。我头脑灵活、富创意、擅长综合新意念。善于主动沟通，喜欢搞笑，制造欢乐气氛娱人娱己，说话可没大没小。我害怕吃苦，抗拒沉闷、重复及没新意的生活。遇上不如意或困难时，会找其他快乐的经验或合理化的理由去逃避。

B 我性情温厚随和，耐性及脾气都很好。我渴求和谐的人际关系，凡事都以和为贵。为避免大家冲突纷争，我经常迁就别人而忘却自己。我最不懂得拒绝别人。我善于聆听，亦能明白各人不同的观点，所以朋友很喜欢找我倾诉。我亦很容易受人影响，会因长时间与某些人在一起而变得与对方相似。但对于某些事情，我会很固执。我做事比较慢条斯理及不善于抓紧时间。我需要比别人有更多的休息时间。我没有太大的欲望，能与人融洽相处已感非常满足。

C 我喜欢观察、思考、分析及做学术深入研究，洞察力很强。追求知识对我来说是一种很自然的推动，是充满好奇和渴望的。我不善于社交，享受独处远多于与别人在一起。在团体活动中，我习惯以一个旁观者的角色去参与，以确保与人保持距离。我很害怕面对强烈的情感。我的生活非常简单及朴素。我不重视物质上的享受，只想在思想领域上得到满足。

D 我为人正直，很有原则。做正确的事对我来说十分重要。我处事要求很高，也很严格，十分注重细节及要求完美。我抱着"还可以更好"的态度来鞭策自己和别人进步。我对别人得过且过的态度会感到气愤，但我会抑制自己不要发脾气。我自制力很强，会严守规则。在工作上，态度认真、勤奋及负责任。当争论自己认为是正确的事时，会很坚持和一意孤行。我过分率直的态度有时会忽略了别人的感受。

E 我是一个非常感性及情绪化的人，很容易被浓烈的情感所吸引，亦易受身旁的环境所触动。我渴求心灵上与自己及别人有深层的联结，但不是有很多人能真正地明白我，尤其是与众不同的一面。我喜欢别人欣赏我的独特气质，我不甘于平凡。我不抗拒细味人生悲苦的一面，有时甚至留恋在忧郁的世界里。我常羡慕别人，对不能拥有及遥不可及的人或事感到向往。

F 我是一个目标感很强的人。我做事一向重视追求成功的结果多于重视其过程。我热爱工作，办事能力及效率都相当高。我讨厌别人拖慢我的工作进度。我喜欢从成就里得到别人的认同及赞赏。那些不能成为众人焦点的事，我不会太用心做。我社交技巧很了得，能调节自己以不同的形象与不同类型的人相处。除此之外，我对市场的触觉亦十分敏锐。为了达到我既定的目标，我可以放弃自己的原则来适应多变的环境。我很注重自己的外表及形象，喜欢给人眼前一亮的感觉，亦很享受人们明显的注意及欣赏。我不太关注自己的情感，怕它会影响工作，甚至妨碍我完成目标。

G 我为人小心谨慎，做事深思熟虑，常会咨询各方意见才做出决定或行动。我的优点是富有危机感，能敏锐地察觉潜在的危险，防患于未然。我喜欢从群体里找到依靠和支持，我对家庭、朋友及工作都很忠诚和尽责。我对有机会发生的负面结果想象力很丰富。我常怀疑别人的动机以及自己的判断，所以经常不易安心做出决定。我对权威人士又爱又恨，我需要他们的指引，但又怕他们会对自己构成威胁。面对可能发生的危险时，我有时会逃避，但有时却会冲动地与它对抗。

H 我性格独立、刚强，极富正义感，好打抱不平，亦勇于保护别人。我的性格豪爽，不拘小节，一向很重情义。我看事情较宏观和全面，有清晰的人生方向及坚定的信念。我是大事英明、小事不灵的人。我不太懂得控制自己火爆的脾气，大多时态度也是硬邦邦的，甚少很温柔。我喜欢直接爽快，最讨厌懦弱及兜圈子的人。我有拼搏及冒险精神，相信只要肯努力做，没有什么是做不成的。

I 我是一个亲切、乐观、善于关心及照顾别人的人。我天生就很懂得洞察别人的需要，我喜欢为他们提供适当的帮忙和支持。能成为别人不可或缺的人，我感到非常荣幸。人际关系对我来说非常重要。我经常花很多精力和时间去张罗别人的事，而把自己或家庭的事忽略了，虽然我甚少对别人提出要求，但如果别人不懂得欣赏我对他们的付出，或把我的付出当作理所应当的话，我心里会很不是味儿，我会给他们脸色看或和他们闹情绪。

步骤二 剔除那些非常肯定不会是自己的"自我陈述"，然后把剩下来的以最像自己的次序排列下来。

最像自己的陈述（第一位）：
　　　　　　　　（第二位）：
　　　　　　　　（第三位）：
　　　　　　　　（第四位）：

步骤三 根据下面的表格找出英文字母所代表的性格类型。

自我陈述	A	B	C	D	E	F	G	H	I
性格类型	7号	9号	5号	1号	4号	3号	6号	8号	2号

根据统计结果，你最有可能的人格类型依次为：

最像自己的人格类型（第一位）：　　　　号

(第二位)： 　　　号
(第三位)： 　　　号
(第四位)： 　　　号

步骤四　留意排名前两位的人格号码。

步骤五　参考第一章第四节，判断自己主要属于哪一种智能中心，进一步把范围缩窄。

步骤六　仔细阅读接下来那些最有可能是你人格型号的章节，深入了解并印证结果。

步骤七　某几个类型的一些行为可能颇为相似，但是其动机却绝对不同，所以要给自己一些时间，细心观察自己在行为背后所追求的目的。另外，可仔细阅读本书第五章，以了解相似的人格类型当中本质区别的地方，最终锁定自己的人格定位。

第一节　1号人格解析：苛求完美的质检官

人格型号标签的含义

1号的标签为完美型，转换成感觉的表述是"苛求完美的质检官"。1号不仅是追求完美，他们对人、事、物的要求几近苛刻，并且对人对己都会把目光时刻集中在未遵循的规矩、未达标的行为、未符合的标准等这些瑕疵上。哪怕已经取得了99%的成绩，他们仍旧会只看到1%的不足，并因此耿耿于怀，或对人加强指导或对己强烈谴责，似乎总有一种声音在说"为什么我没有做到完美？"或"你本来还可以做得更好的！"给人一种好像有一个质量检察官活在他的身体里，并不断用放大镜在鸡蛋里挑骨头一样的感觉。

人格特征描述

● 是非对错分明，没有中间地带，并以此为自己行为处事的原则，会根据事件和环境不断地出现新原则，当然原有的原则和标准继续保留，除非新原则与旧原则是同一属性（也就是针对同一事件或人）并且新原则比旧原则要更加完美时（对人对己的要求更加苛刻）才会放弃旧原则。但无论新旧，原则必须跟随，不可以有协商，即便出现协商，1号也会据理力争，直到说服对方接受为止。其核心的原则是"事情理应按照我的要求发生，这样才是最好的！"

● 对人、事、物的标准众多，并时刻力求达到自己的标准，无论对人还是对己均是如此。其中一个核心的标准为"高效能"，1号对高效能的理解就是，自己的核心原则即"事情理应按照我的要求发生，这样才是最好的"。因此，效能不再是单位时间完成事情的数量与质量，而是不论用多长时间，我首先要让人们认同我的原则和标准，并要他们从心底里理解，事情只有按照我的原则和标准发生时才是最好的结果，只有这样才真的能够出现最好的结果，因为1号的原则和标准都是在自己的经历中总结出来的，因此1号的观点就是，既然我可以做到的标准（且这标准是我亲身验证的），那么每个人都要做到。这才是真正的"高效能"。给人一种要求和标准对人对己同样苛刻的感觉。

● 倘若不能达到自己的要求和标准或原则没能履行，对自己就会产生一种内疚、自责、懊恼甚至是自卑的情绪，对他人就会批评、指导并用评判正确与否的方式来表达自己的愤怒。

● 情感世界薄弱，其表现方式为：1号总是喜欢用量化的数据或者分析来表达自己的情感，他们能够感受到他人对自己的情感，也喜欢他人对自己情感的表达或告白，但当1号要表达情感时就会用大量数字、标准、责任等量化性的分析来说明，这很难给人情感告白的感觉。

● 重视社会道德，品格高尚，奉行绝对正直诚实的处事原则，因此在处理人际关系上绝对是公私分明，对事不对人，帮理不帮亲。很少赞赏他人以及嘉许自己，因为1号总是关注到未尽完美之处，并坚持一切要更好甚至世界要更好的信念，所以对人对事的要求自然苛刻，但1号的出发点绝对是好的，甚至在1号苛刻地批评他人的时候，实际上也是为了对方能够改善得更好而批评的。

● 时刻注意压抑自己的负面情绪，1号总是可以埋藏自己的负面情绪，特别是愤怒，因为1号认为负面的情绪一旦表露出来，其本身就是自己不完美的表现，因此要时刻压抑。这也给人一种外表冷峻的感觉，但1号内心实际上是非常友善和懂得关心别人的，只是平日过分压抑负面情绪以及分析性地表达正面情绪，让人感受不到温暖。

行为背后的动机

1号行为处事背后的动机都归结于"不应该有错"以及"应该做对的事情"的自我要求。因此，1号的自律性非常高，时刻用"应该"与"不应该"的规矩要求自己，有一种活在条框中的感觉。

1号人格的深层渴望

1号行为追求的内在价值是"事实证明我是正确的"的满足感。1号的原则和标准都是源自过往的亲身经历，并从经历中总结得出的，但这些原则和标准的产生并不是为了教导别人或要求自己，其根本目的是为了指导未来的行动或者说是规划未来的事件按照最好的方式发生并产生最好的结果。因此，1号不断总结原则、

制定标准的根本原因是为了让这些原则和标准在未来的行动中得到印证，这印证就是最完美结果的出现。此时，1号才会收获一份证实事情果然按照自己的预期发生并得到最好结果的成就感。这份感觉对人对己都是一种"事实证明我是正确的""事实证明我就是为大家好的"内在深层渴望的满足。

1号人格的深层恐惧

对应1号人格的深层渴望，其深层恐惧就是：现实中事情没有按照自己的原则和标准发生时内心所产生的自责、内疚甚至是自卑的感觉。换句话说，就是自己一旦犯错内心"受谴责"的后果。1号人格由于从过往经历中不断总结经验，制定原则和标准，并用这一原则和标准制定未来事情的过程和结果，这一点要强调一下，1号人格所用原则和标准制定的不仅是事情本身，对事情发生的过程以及结果也都做了制定，并把根据自己的原则和标准所制定的过程和结果当作最好的结果，反过来又把这最好的结果预期当作自己的行为指导原则和标准，这样一来，即便是客观环境或事件本身的原因导致事情没能出现预期的结果，或发展过程略有偏差，1号都会认为是自己未将事情做到最好的原因。于是，1号人格的深层恐惧中所提到的"一旦犯错"就包括了真正的自己犯错以及非主观原因的错误，无论哪种原因，只要是事情未能按自己的原则和标准发生，那么1号都会因为犯错而出现内心的谴责。因此，1号人格的深层恐惧是"自己一旦犯错内心将受谴责"的后果。

1号人格语言、身体上的沟通模式

● 1号眼神专注、肯定，一般先注视对方的眼神，然后全身打量一番后，再回到眼神的注视上并甚少转移，给人一种似乎在挑毛病或纰漏的凌厉感觉。

● 行走、坐卧中规中矩，体态端正从不东倒西歪，言谈举止循规蹈矩,用坐如钟、站如松、卧如弓、行如风来形容1号最为贴切。

● 着装整洁得体,服装颜色黑白两色居多,很少出现颜色跳跃性强的服装以及搭配。男性给人干净利落的感觉,女性则给人端庄严整的感觉。

● 言语中经常出现"应该"与"不应该"的字眼,甚至没有直接说出这些字的时候,其潜台词也在向你强调"应该"与"不应该"的意思。因此总给人一种指导、评判的感觉。

● 在表达不满或负面情绪的时候,虽然语言上仍旧表现得平和,但语句的数量明显减少,甚至沉默不语,用凌厉的眼光注视着对方,同时脸色阴沉,并以此种眼光和脸色作为回应对方或表达负面情绪的方式,此时更给人压迫、紧张的感觉。到情绪最终发作时,则直接向看不过眼的地方以批判、教导的方式表达。

● 在样貌上,1号通常都比较瘦,但不会给人单薄弱小的感觉,反而给人一种着急上火的感觉,同时瘦的体格加强了1号人格时刻散发出的凌厉感觉。

压力及低能量状态下的感觉变化

1号的压力以及低能量主要源自经常体验到"一旦犯错内心受谴责"的后果,也就是被深层恐惧所困,同时,因为不愿经历深层恐惧的感觉,进而将关注的焦点转向内心的感受方面,行为上表现出4号人格关注自我内心感受的特征。但1号会因此强化制定原则和标准的行为并更加苛求自己与他人执行这些原则和标准,这样就更加深了他人对抗自己的原则和标准的回应,从此陷入恶性循环中。给人一种喋喋不休的"教导主任"的感觉。

轻松及高能量状态下的感觉变化

当1号懂得关注自己已经取得的成绩并嘉许自己,允许自己有1%的不足时,1号会有种释然的喜悦感,此时会表现出7号人格追求并享受快乐的行为特征。但1号会把这份享受也转化成自己生活中的一个原则,并制定出合适应该享受以及享受到何种程度的标准,同时应用这份标准重新定位"应该"与"不应该"之事,并以轻松平和的状态将这些"应该"与"不应该"之事逐一罗列,并以此为标准对己对人。因为其新的标准中包含了奖励,因此他人也愿意接受。此时的1号是用奖励的结果来印证"事实证明我是对的",因此给人一种"进步改革家"的感觉。

第二节 2号人格解析:成就他人的关怀者

人格型号标签的含义

2号的标签为"温馨型",转换成感觉的表述是"成就他人的关怀者"。2号人格始终把世界看作美好的、和平的,亦因此将每个人都解读成善良的。即便是那些违反社会道德或法律的人,2号也认为他们一定是有一些不得已的苦衷而犯错,甚至当你问到他们的感受时,他们真的会列举出很多缘由来为那些人开解。其背后的动机就是要以爱的方式来对待身边的一切,甚至愿意因为关爱他人而牺牲自己,以不

断满足别人、支持别人，并因此得到他人对自己的需要而产生存在的价值感，亦因此忽略掉自己内心的需要。给人一种不断给予或索取并时刻体贴的温馨感觉。

人格特征描述

● 2号对别人的感受以及情绪变化非常敏锐，并立即主动采取帮助或关爱别人的行为，满足别人内心的需求。亦会因为他人的需求而改变自己的言谈举止，以此来牺牲自己、迁就他人。这份迁就的动力，根本上源自2号本身也渴望得到他人之爱和对自己，所付出关爱之认同的需要。只是这份需要经常被2号在过分关注他人的感受时忽略掉。

● 2号始终以人为本，并乐于助人，特别对于那些对自己至关重要的人物，更是有一种牺牲自己的精神来为之服务。因为2号希望自己的关爱行为可以让身边的人感到自己的存在对他们来说至关重要，也就是说，2号希望身边人因为自己的关爱行为而需要自己，这才能让2号产生存在的意义。这意义也就是2号一切行为的能量来源，换句话说，2号的能量来自他人对自己的需要，因此2号始终为他人而活，如果没有他人的需要或其关爱的行为没有得到一句"辛苦了"或"谢谢你"的回应就会觉得自己的存在毫无价值。给人一种无私奉献的天使一样的感觉。

● 2号的善解人意的天分，让其能够迅速觉察出身边人的快乐或忧伤，并会立刻感应到对方的需要，同时把别人的需要或事情放在第一位，立即采取行动，忘我地帮助他人完成这些事情。这样一来2号自然会与身边的人关系非常好，无论男女老少，甚至得到爱心大使或知心大姐的称呼。当他们沉浸在这份被人喜欢和信任的感觉中时，对于自己的事情甚至身边最亲近之人的事情就会显得没那么积极，甚至经常忽略。但2号却经常因为一直以来对身边人的关爱和帮助以及因此得到认同和感谢而产生一种暗自窃喜的感觉。这感觉来源于，自己总是帮助别人并得到认同，而总是帮助他人的人无形当中就会产生一份优越于他人的感觉。

● 2号善于发现身边人的优点，甚至是缺点也会被2号找到存在的合理原因。同时2号也愿意并主动地帮助身边人发展这些优点和才华，以看到他们的成长并收获对方的感谢为成就。此处要注意与1号的区别，2号帮助人的方式是充分发挥对方的优势，完全地支持对方任何的想法和行动，而不是用标准和原则来指导对方。2号很能够理解或感受到身边人的情绪，并能够支持和安慰他们，甚至有些时候为了支持和安慰他人的情绪而改变自己，来迎合对方。2号很喜欢赞赏和表扬身边的人，有时候对方犯了错，2号还是会赞扬他们做对的方面并鼓励他们采取正确的行为，而不是用批评的方式回应。

● 2号对身边人的关爱和帮助没有物质上回报的所求，他们之所以帮助身边人、关爱身边人，就只是为了得到身边人的感谢以及需要自己的感觉。其实，一句简单的"辛苦了""谢谢你"这样的话就足以让2号欣喜若狂了。因此，当2号的关爱行为没有得到身边人的回应时，就会让2号有一种我的关爱理应如此的不平衡感，并因此产生一种暴躁的情绪反应，此时他们内心的对话是"世界上哪有理应如此的爱呢？我对你的关爱难道连一句感谢的话都换不来吗？"于是，当2号对某人产生这种感觉时，就会自动地离开这个人，或者与此人的关系慢慢冷淡下来，不再会主动地帮助或关爱他，但当此人再次明确提出需要帮助的请求时，2号就把这需要立即解读成自己被感谢、被需要，并马上采取行动，给予无私的帮助。另一种情况是，当2号发现身边的人已经因为自己的帮助而变得独立自主、不再需要他的关照与呵护时，也会自动离开他们或关系冷淡下来。

● 2号对自己的需求总是模糊不清，因为他们把大量时间和精力都放在了关注他人的需求方面，因此总是需要在自己独处的时候才能够彻底安静下来思考和体会自己的需要，此时便会出现一种空虚、无助的感觉。即便是清楚地了解到自己的需要，也不会表达出来以获取别人的帮助，这也是内心无助感产生的原因。这样一种长期无意识的压抑自己需要的状况，让2号的内心隐藏了巨大的矛盾，那就是，渴望他人像自己帮助他们一样，在自己需要帮助和关爱的时候来帮助自己。但自己又总是忽略自己的需要。也正是因为这份矛盾让2号有时产生一种失去自我的迷茫感觉。

行为背后的动机

2号行为背后的动机是：通过自己理解他人、关爱他人、支持他人的行为得到自己是被别人喜欢、感激和需要的价值感。因此，2号总是主动地帮助和关怀身边人，并因为得到身边人的感谢而收获价值感。

2号人格的深层渴望

2号人格的深层渴望是：时刻感受到"他人对自己爱的需要"。因为2号的存在意义在于通过他人对自己关爱行为感激的回应来获取，也就是说，2号的成就是因为自己帮助他人取得成就并得到取得成就之人的感谢而产生的（如此复杂的加工过程也只有心中心的人能够做到了）。因此，2号的一切关爱和帮助身边人的行为都渴望得到相同的爱的回应，简单说就是"被爱"的感觉是2号一切行为背后的深层渴望。

2号人格的深层恐惧

2号人格的深层恐惧是：自己不被人爱，也就是自己所有的关爱和帮助行为没有得到身边人的感谢回应。但更为深入的恐惧是，2号会因此产生一份自己毫无价值的感觉。从2号的深层渴望可以看出，2号的成就感来源于得到被帮助之人取得成就之后的感谢，因此，一旦没有出现被帮助人的感谢回应，2号就会感觉自己所付出的一切似乎被他人看作"应该如此"，并因此产生一种"在被帮助者的成就中自己的帮助行为似乎可有可无"的空虚感，此时的2号自然就失去了自我存在的价值感。这种感觉或者说状态，就是2号的深层恐惧。

2号人格语言、身体上的沟通模式

● 2号的眼神中总是流露出一股充满关爱的灵光，脸上总是洋溢着亲切的笑容，说话时总是微笑着以爱的眼神注视着对方，其友善的态度、主动开放的气质，给人一种亲人般的、知心的、一见如故的温馨感觉。

● 在与人相处的过程中，2号的身体总是有意无意地靠近对方，但不会让人觉得压迫或不舒服，总是能够找到那个黄金位置，给人一种体贴、关注的感觉。如果2号是在倾听对方情感、情绪方面的倾诉，或者是在以"知心大姐"的角色安慰对方的时候，更会有一些身体上的轻微接触，比如轻拍对方的肩膀、握住对方的双手、一个得当的爱的拥抱等一切让人感受关爱的身体接触。总是在给人传递一种"我理解你，我感受到了你的感受。没关系，不要怕，我会支持你、陪伴你，帮助你一

起渡过难关"的知己的感觉。

● 2号会时刻留意身边人的感受和需要，并非常着急地在对方未开口之前便采取行动给予满足。比如当你在晚餐时刚刚感觉菜肴的味道有些重但还未开口提出要求时，2号却在你产生感觉的那一刻把一杯白开水放在了你的面前。因为2号习惯注视人们眉头处的变化，也就是两条眉毛之间的位置发生的变化。以晚餐为例，在吃饭期间，一口菜放到嘴里，眉头一皱，那么基本上是由于口味不对造成的，此时你眉头间的细微变化就被2号觉察到并把白开水放在你的面前了。

● 2号的着装注重合身方便，深色居多，鲜艳颜色辅助，其主要原则是，一切要便于自己随时采取关爱和支持活动。如果衣服不合身或颜色太浅，一来不方便自己的活动，二来也容易在忘我的投入关爱行动时弄脏。2号很容易把喜怒哀乐写在脸上，也正是因为他们的直接情绪表现容易让自己与他人的情绪产生共鸣。言语上，2号喜欢用暗示性的语言来表达自己的情感，并能觉察到对方暗示性的情感表达，但有时候容易觉察不到位或暗示不到位而造成双方的误会。比如，阿丽的男朋友发烧在家休息，并把自己休息的事情告诉给了阿丽，其意思是希望阿丽放心，因为阿丽总是会在上班时间定点慰问男友，提醒他注意喝水、上厕所等事情。结果阿丽也请假并买了很多水果去男友家照顾他，一会儿让他吃苹果、一会儿吃鲜橙、一会儿又是猕猴桃，弄得男友在感受到爱的同时亦会疲惫不堪。此时阿丽对男友的理解为：发烧生病就需要维生素C，他肯定不会照顾自己，我买这些水果给他吃帮助他补充体力！而男友其实希望阿丽放心，自己在家休养，让自己休息。

压力及低能量状态下的感觉变化

2号的压力以及能量降低主要源自对深层恐惧的体验，也就是经常得不到被帮助之人的感谢或回应，但因为2号首先将这一情况解读为是自己关爱得不够，于是继续加强关爱行动，并细致入微到被帮助者的每

第二章 九种人格特征的深度分析与对号入座

一个生活层面,给人异样霸道的感觉。但在多次得不到感谢或回应的时候,2号就会转为关注自己的需求,因为自己大量的时间和精力都过分被关注人消耗了,因此他们会减少甚至停止关爱的付出,但因为2号总是忽略自己的需要甚是压抑它们,因此在压力以及低能量状态下2号会不再主动付出,但他们亦不会要求太多,进而变化成"索取"的状态,但其亲切、温馨的感觉不会消失,只是能量减弱,因此给人一种小可爱的感觉。(无论男女都是如此,请留意感觉而不要用男性女性来标榜)

轻松及高能量状态下的感觉变化

轻松的2号会主动觉察自己内心的需要,并第一时间向那些能够给自己提供帮助的人表达这份需要,此时2号就会得到他们内心渴望的满足,也因此让他们对身边人的关怀和帮助更有效果。试想,如果我们总是接受一个2号无私的帮助和关爱,然后对方又没有任何要求,我们自己的内心一定会出现一种愧疚感,久而久之就会因为这份无以为报的愧疚感而远离2号,以此平衡与他们之间的关系。所以,轻松高能量的2号懂得平衡付出与索取之间的关系,真正把人际关系做到恰到好处。同时亦会因为总是感受到自己将人际关系处理得恰到好处的成就感,而不断增强自己的力量(暗自窃喜的感觉),并总是能够在身边人受到威胁或利益被侵犯的时候,不假思索地站出来帮助他们维护利益,但其很少为自己受到伤害而采取维权的行为。如在麦当劳排队点餐,如果某人插队在自己前面,2号会觉得他一定有什么急事,让他先买吧。但如果某人插在其他人的前面,2号就会马上站出来并一定会让这个人到队尾排队。哪怕这个人身材魁梧,2号也不会因为惧怕而忍气吞声,因为2号认为这个人伤害了大家的利益,他的关爱是针对更多人的,因此一定要站出来保护大家。就像老鹰捉小鸡的游戏一样,母鸡明知道自己打不过老鹰,但是为了保护孩子仍旧会挡在老鹰面前。因此轻松以及高能量的2号总给人一种妈妈般或者大母鸡一样的感觉(无论男女都是如此,请留意感觉而不要用男性女性来标榜）。

第三节 3号人格解析：实现目标的有型人

人格型号标签的含义

3号的标签为"动力型"，转化为感觉的表述是"实现目标的有型人"。3号总是关注目标，任何事情都要有明确的目标指引，他们绝对不做无意义的事情。这意义就是各种目标结果的实现，且以量化的结果为主。比如职位、薪水、社会地位等等。也就是说，3号是一个非常注重效果的人格类型。但是对于一些无法量化的目标，比如某种状态等，他们就会转化量化目标的方式，将时间单位作为重点考量对象，比如什么时间内完成到某种程度将作为3号衡量目标达成的标准。另外，3号非常重视自我形象，特别是与自己目标达成后应该对应的形象感特别关注，其着装或者更为宽泛地说是外表，总是给人一种醒目、光鲜、有型（形容男女想象出众、靓丽时尚的意思）的感觉。

人格特征描述

● 3号对人、事、物的态度均以目标为主，其一切行为都以达成目标为目的，因此3号的为人处世原则着重对事不对人，也可以说是注重"效果"多于"道理"的感觉。但3号非常关注自己在达成目标之后身边人的表现（注意此处说的是

3号完成自己的目标而不是帮助别人完成目标），如果身边人投来鲜花和掌声，也就是肯定3号的成就，那么3号会收获一份目标达成的成就感。若没有得到身边人的肯定或者只是身边人对其目标达成的表示不够强烈，3号都会为此降低自己体会成就感的程度，并将得到这些人对自己能力的认可作为新的目标，并不断奋斗。亦因此产生一份与人竞争的心态，凡事皆要与人比较，甚至有些时候会演变为：自己目标的达成效果如果没能与别人相比的话，就无法感到成就感的强烈竞争心态，"一定要做得比他人好、快、正"（对于事情的结果以及完成的速度和过程中的表现都要比别人好）。因为这份心态，3号在生活中的各个方面都要求自己不断冲、不断做，以不断进取的态度追求一个又一个目标的达成。

● 3号对自己的形象非常重视，并且会把形象的提升与目标达成相联系，换句话说，3号对目标的制定或目标达成时的感觉有些时候来源于其对自我形象的设定上。比如，什么职位对应什么收入、对应什么品牌的着装以及饰品，然后在追寻职位、收入的目标达成时，其根本动力来源于对那个形象的渴望。因为3号内心认为形象是与人接触时的第一印象，如果没有良好的形象，对方不会相信自己的实力。哪怕自己已经将目标达成，也必须有相应的形象来对应，否则仍旧没有成就感。这样一来，3号有些时候过于追求成功的形象而忽略掉对成功本身的追求，从而陷入虚荣的困扰中。3号对形象的注重还表现在他们会根据环境的要求做出绝对适应要求的变化，并以此成为任何环境吸引第一关注的焦点。他们口才了得，总能够找到话题与人打成一片，亦懂得在什么情况下采取何种沟通策略才能表现自己，亦因此成为八面玲珑的交际高手。

● 3号也属于情感薄弱的一类，但要注意，3号的情感薄弱表现在，不喜欢用言语的方式表达情感，因为他们关注效果的特质，导致3号在情感方面也非常实际。在他们看来，情感是需要用实际的行动以及实在的结果来证实的，而不是用抽象的语言来描述的，甚至认为语言在表达情感上太过空虚，并因此产生一种认为语言的表达太过肉麻的心态从而不注重甚至回避情感的语言表达，给人一种太过实际、不懂浪漫和甜言蜜语的太过现实的感觉。比如，当3号的情侣要求3号对他们说一些甜言蜜语的时候，3号总是回避，并马上以实际行动表达爱意，比如吃大餐、看电影、购物等。同时，3号对家庭的关注虽然很重视，但他们更多的经历和时间都放在了事业、工作上，因此也会给人忽略家庭的感觉。总之，不主动用语言表达情感是3号情感薄弱的表现，区别于1号在言语上用数字和各种量化的分析表达情感的感觉。

● 由于3号喜欢与人竞争、比较，因此，他们会产生一种凡事都要比较的态度。当在某一方面与某人始终无法比较出高下的时候，就会与此人在其他方面进行比较，直到产生"在这一点上此人不如我"的结果时，才会罢休。比如，3号在事业的成就上总是无法与某人比较出优势，那么他就会转换视角，去比较在生活上两人的状态，如我是否比你幸福，我是否比你年轻，我是否比你有更多属于自己的时间，等等。3号的这过分与人比较之心，导致3号不喜欢与那些优越于自己太多的人为伍，因为他们会感觉自己无论如何努力也无法在任何一个方面优越于对方。同时，他们亦不喜欢与比自己相差太远的人即3号眼中的"笨人"相处，因为他们没有耐心一遍又一遍地帮助和支持这些行动力太慢的人（3号强调在单位时间内完成更多目标的感觉，与其用太多时间帮助"笨人"完成，还不如自己完成更多）。因此，3号总是喜欢与那些自己努力一下就可以赶上或是通过自己的帮助就可以跟上自己步伐的处在中间状态的人相处。与这样的人相处，让3号有不断冲击目标的动力以及被人感谢收获鲜花掌声的成就感。（不愧是注重效果的目标型人格啊）

行为背后的动机

3号一切追求目标并以目标为动力的原因在于其自我价值评价的不足。也就是说，3号需要通过自己的奋斗得到别人的赞赏、认可和注意，并以他人对自己的鲜花和掌声作为自己的成就感。如果没有他人正面、肯定的评价，3号很难自主产生价值感。因此，通过建立成就并获得一份成功的形象来赢取他人的认可、赞赏和肯定，是3号行为背后的动机。

3号人格的深层渴望

3号的内在价值感渴望是，自己的实力（包括形象上的）被他人赞赏、欣赏，自己的行为以及经历被他人认同，自己的形象被他人注意甚至是羡慕。也就是说，3号渴望自己的奋斗以及通过奋斗所实现的目标要得到他人的鲜花和掌声。那种需要不断被"加冕"并成为人群、环境中的焦点的感觉是3号的内在动力，亦是其深层渴望。

3号人格的深层恐惧

3号的深层恐惧是自己的奋斗无法得到鲜花和掌声时，内心所体会到的一种被排挤、不被接纳的苦闷。因为3号渴望成为焦点，并且其自我价值评价不足，他们总是需要通过别人的认可和赞赏收获成就感，同时为了这份成就感，3号还会不断调整自己的形象，让自己的各个方面都展现出一种焦点人物的感觉。另外，其八面玲珑的口才和因此所构建的人际关系都是其为了满足内在渴望的追求。一旦他人没能表现出对3号的正面、积极的态度，3号就会陷入一种明确内心的力量但又得不到外界的认可的挣扎中。

3号人格语言、身体上的沟通模式

● 3号的身材适中，或者用"合适"这个词更合适，因为他们总能满足当下审美对身材的要求。在站立、坐卧的时候会身材提拔，也不会东倒西歪，但是坚持不住，因为其肢体语言非常丰富，导致其大多情况下很难安静地坐好，但是其刻意控制自己的身体姿态的做法经常给人一种"演员"的感觉。

● 3号在着装方面非常讲究，总是光鲜亮丽，夺人眼目，但绝不会出现哗众取宠的情况。他们的着装总是能够与环境的要求格外融合，却不失自己的独特风格，总会给人眼前一亮的感觉，在任何场合中出现都会立即成为众人瞩目的焦点。其光鲜的形象总结来说，男性给人一种精英的感觉，女性给人一种干练的感觉。

● 3号的眼神专注并充满自信，时刻流露出自己内在的实力或魅力，并以充满"杀伤力"的眼神投向身边的人，让人有一种渴望与其接触但又怕被刺伤的"欲罢不能"的感觉。3号非常注重肢体语言，特别是在手势方面更加懂得与眼神所传递信息的配合。如向人表达友好时，总是摊开双手给人一种开放态度的亲切感等。总体说来，3号的眼神配合体态总给人一种活力四射的感觉。

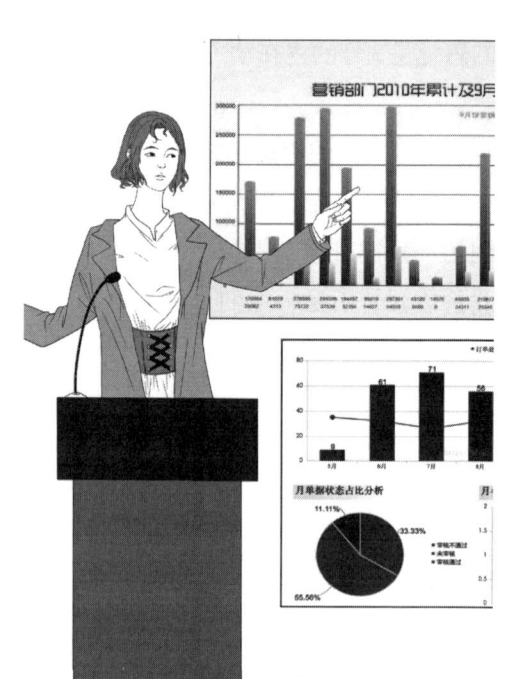

● 3号在语言表达上的特征为语速快，身体语言与眼神的配合淋漓尽致，甚至有些时候眉飞色舞、手舞足蹈。其语速快是为了在单位时间内表达更多的信息，以便在下一刻能够做更多的事

情。他们声音洪亮，且语调抑扬顿挫，听 3 号讲话，似乎总能够通过他们的声音以及神态，看到他们所描述的画面一样，有一种身临其境的感觉。很少会觉得听他们讲话无聊，有些时候甚至感觉反应有些跟不上他们的言语。但 3 号绝不是那种喋喋不休的角色，他们态度圆滑，总能根据环境以及人群的要求做出各种变化，以恰当的言语和沟通方式来适应不同人和环境。

压力及低能量状态下的感觉变化

3 号的压力源于自己的努力总是得不到他人的赞赏、认同，因此产生一份不清楚自己的力量究竟用向何方的迷茫感。同时，因为 3 号关注其成功的形象，导致在其感受到迷茫的时候，误以为是自己在形象上没能唤起身边人的瞩目所造成的，从而进一步追求表面形象，结果更加得不到他人的赞赏，让自己更为迷茫。因此会降低自己的行动力，过分地去思索自己如何能够赢取他人的关注，从而出现一种过分关注自我存在状态并沉浸在思索这份存在状态的境况中，给人一种"魂不守舍""不知所思"的感觉。

轻松及高能量状态下的感觉变化

3 号的轻松状态或者其能量的来源，实际得益于 3 号始终能够明确自己追求的并不是表面的形象或者目标本身（目标本身是指那些量化的标准，如职位、薪水），而是那些目标实现过程中以及实现后的感觉。换句话说，3 号能够意识到自己追求的是鲜花和掌声背后的实力。因此，轻松以及高能量状态下的 3 号，不仅不被虚荣所困，反而真正能够理性地、系统地构筑自己的实力，想方设法利用这些实力来实现目标，并能够将实现目标过程中的各个细节考虑到，确保行动真实有效，真正成为通过实力赢取理应属于自己的鲜花和掌声并享受其中的成功者。3 号给人一种"意图明确，思维清晰，积极进取"的感觉。

第四节 4号人格解析：追寻自我的表达者

人格型号标签的含义

4号的标签是"感性型"，转化成对感觉的表述是"追寻自我的表达者"。4号总是对身边的万事万物充满感觉，身边任何一个细微的变化都会引起他们的情绪反应，他们内心渴望与世间万物建立起一份情感的联结，并把对万物的情绪、情感体验作为自己一生的追求，换句话说，4号总是关注自己内心所没有体会过的感受，并把追寻这份感受视作一生追寻自我身份的使命。同时，4号总是渴望身边的人能够理解自己在追寻人生使命时所体会到的各种情绪、情感，并且通过情绪表达的方式（此处注意，4号是用情绪表达情绪，而不是简单地用语言表达）来诉说着自己内心的感悟。但他们的表达太过含蓄甚至是抽象，让人在多数情况下不能准确地解读，因此产生对4号人格太过情绪化的误会。4号与众不同的气质总是给人一种"我见犹怜"甚至是"无病呻吟"的感觉。

人格特征描述

● 4号情感细腻，且情绪上非常敏感，能够体察身边一切所引发的情感体验。对于浪漫的感觉是其在情感上的主要追求，在这份浪漫之中不仅包括积极的、美好的情感,那些悲伤的、消极的情感也同样重要。甚至有些时候,4号或过于关注对那些负面情感、情绪的体验,他们并不把这些负面的情绪情感看作痛苦的,反而享受在这种痛苦之中,可以说是一种"痛并快乐着"的感觉。因为4号认为自己的生命总是缺少了一些东西,同时又把这缺失感主要集中在对各种情绪体验的缺失方面,所以便产生对自我的追求就是用一生体验各种情感、情绪的人生定义。

● 4号的情感细腻,还表现在他们渴望与身边的一切(包括人和事物)都建立起一份深刻的情感联结。但他们在语言的表达上又总是不能做到准确细致的程度,也就是说,虽然4号情感丰富且细腻,但主要集中在感受上的细腻,他们并不擅长细腻地表达自己的情绪、情感。这样就让身边的人很难感受和理解到他们的情绪、情感。而4号在其表达的情绪不被人理解时又不愿意继续与人争论或辩解,往往以一种不屑一顾的、回避的方式来面对他人对自己感悟情绪以及表达情感的否定。他们不喜欢别人否定自己的感受,但又经常觉得身边的人不明白自己并因此继续加深一份"我天生便与众不同"的自我认同,于是总给人一种"我行我素"的抽离感。

● 4号因身边的一切变化都可以引起他们在情绪上的反应,因此在多数时间里,4号会给人一种为人处世太过情绪化且捉摸不定的感觉。4号的想象力非常丰富,总是能够把自己带入一种身临其境的状态并细细体会其中的情绪、情感。比如一本书,特别是小说,4号在阅读的时候能够通过文字把自己带入书中的意境里,哪怕是完全虚拟的内容,他们也能够非常好地将自己转化成书中的人物(通常是把自己转化成主人公,并在需要的时候转化成其他角色),并以此来品味书中所述人物经历的情感体悟。同时,他们真的会将这份虚拟的感受认为是自己在现实中已经经历过一番人生磨砺一样。

● 由于4号丰富的想象力及其情绪的不可捉摸,再加上他们总是不屑于细细表达自己的情绪和情感,因此总是表现出一副与众不同的气质。

并且在现实中，4号确实对于艺术有与生俱来的天赋，由于他们细腻的情感体悟，总是能够很好地感悟艺术品创作者在创作时的思想，因此对于美以及艺术品位的追求和表达都会比其他人更为深刻，但其不屑表达的特质让人很难分享他们深刻的感悟。4号对神秘主义或神奇事物有格外的兴趣，特别是对于宗教、灵修的话题和事情非常关注。一方面，他们通过自己对这些神秘主义神奇事物的追求和理解，表达自己与众不同的特质，因为在多数人眼中，追寻这些事物的人本身就会显得神秘兮兮的；另一方面，他们希望能够借由对这些神秘主义的研修，来探索自我生命中缺失的那一部分，并由此得到自我人生价值的答案。

行为背后的动机

4号总认为自己的生命与生俱来就缺失了某个部分，这份缺失感导致其对身边的一切都渴望建立一种心灵上的情感联结。因此，他们究其一生的时间来经验各种情绪，就是为了通过对情绪的体验而不断感悟自己人生价值的答案。此处要注意，4号追求的是情绪的经验而不是事件的经历，换句话说，虽然他们肯定要通过事件来经验自己的人生（有些时候他们只通过一部小说也可以经验），但他们更为关注这些事件经历中的情绪体验。因此，追求各种情绪感受，并以此来寻觅和回答"我是谁"是其行为背

后的动机。

4号人格的深层渴望

4号不断追求各种情绪的体验，并以此来感悟自己人生的价值，实际上是在用一生的时间来证明自己"与众不同"这一事实。在上面分析行为背后的动机中已经解释过，4号认为自己与生俱来便缺失了生命中的某个部分，这份态度就是4号认为自己区别于他人即自己天生与众不同的原因。因此，4号在其今后的探索和回答"我是谁"的过程中，真正满足的深层渴望实际上是证明我与生俱来的"与众不同"。

4号人格的深层恐惧

4号认为自己天生"与众不同"的态度，让其产生一种"与众不同的自己理应被世界宠爱"的心理（因为其天生便缺失了生命中的某个部分，那么在一生的发展中，身边的人应该懂得关爱、呵护这个与生俱来便有缺失的人）。这份心理也强化了4号宠爱也要、自由也要的内在驱力。但就像宠爱与自由本身就存在矛盾一样，4号瞬息万变的复杂情绪以及因此所导致的不同需求，让人难以捉摸，很容易造成身边人对自己的误会和厌烦，并为了躲避他们的情绪化敬而远之。而这份不被怜爱、被人遗弃、被人厌烦的感觉正好触动了4号的深层恐惧，也让其深陷更为情绪化的困扰之中。

4号人格语言、身体上的沟通

● 4号的身材适中，或者说以适合他们与众不同的感觉为标准，站立、坐卧均以舒服为原则，不会刻意要求自己保持某种体态。有些时候甚至给人一种不太理会其体态是否恰当的感觉。

● 4号的着装亦会以舒适为前提，但他们不经意间的搭配就会显示出独特的气质或艺术上的品位。虽然不会是环境中夺人眼目的那个人(3

号才是这个人),却给人一种"众里寻他千百度,蓦然回首那人却在灯火阑珊处"的冷艳感觉。

● 4号在语言表达上比较温和,很少抑扬顿挫、眉飞色舞,在表达情绪或描述事件时,往往是娓娓道来,语气中总是透露出一种忧郁的气息,传递一种内心有深刻感悟的信息。同时,他们的身体语言很少,大多情况下只是安静地坐在那里,然后类似于喃喃细语地讲述着自己的情感,哪怕是内心已经百感交集,外表依然是波澜不惊(这里主要指的是他们不会以突出的形体动作来表达内心的情感),但你发现他们正安静地在那里默默地流泪(那种我见犹怜的感觉)。

● 4号无论是自己独处还是身处人群之中,总是一副若有所思的样子。因为他们在情绪、情感的体验上太过敏感,导致身边一草一木的变化都会牵动他们的心,因此他们总是因为环境上(包括人)细微的一点变化而产生一份情绪并因此体悟一种人生的情感。所以,他们绝对不是刻意地表现出若有所思的样子,因为他们总是应用自己极为丰富的想象力把自己带入某种境地中,展开神游并因此感悟人生。所以,4号总是给人一种"沉浸在自我世界当中"的抽离感。

压力及低能量状态下的感觉变化

4号的压力主要来源于自己的感受不被他人所理解。因为4号对自己天生与众不同的观念以及因此产生的理应被宠爱的态度，让其渴望身边的人能够因此懂得怜爱、呵护自己。但是4号的情绪化以及自己在表达方面的原因导致身边的人很难理解自己，此时，4号就会把视角转向如何更好地通过自己的情绪表达让身边的人理解上来，进而更加关注他人对自己的态度以及自己因为他人的眼光而体验的情绪方面，导致慢慢忽略掉自己内心真正的情绪反应，造成情绪表达更加不到位，造成更多误会，同时这误会又反过来加重4号不被理解的情绪体验，最终演变成极具情绪化，但因为不屑于表达而沉浸在不被人理解的"悲情抑郁"的状态中。

轻松及高能量状态下的感觉变化

轻松状态下的4号，会懂得认真思考并整理内心丰富的情绪以及情感，并系统地把自己所经验到的情绪、情感以及由此所感悟的人生意义整理出来，以文字的方式很好地与身边的人分享，虽然他们仍旧在语言表达上不灵光（这是由于他们的感受太过敏感，且容易迅速沉浸在新的感受中，因此，他们在用言语表达感悟时总是在表达过程中又被刚刚产生的感悟把思绪带走，因而总是表达不到位），但其文字总能够细腻地传递其内心的情感体悟，而4号也因为通过文字分享，让更多的人感受到自己的感受而收获被人理解、喜爱并认同自己的与众不同的喜悦，并且会因为这份喜悦的收获而不断满足生命中所缺失的那个部分。4号给人一种"浪漫创作者"的感觉。

第五节 5号 冷静分析的旁观者 人格深度分析

人格型号标签的含义

5号的标签是"思想型"，转化成对感觉的表述是"冷静分析的旁观者"。5号非常关注事物背后的原理，总是希望把身边的人、事、物系统地构建起来，并得出体系化的认识。即便是自己的经历或者是当下正在经历的事件、状态，他们也会以一种客观的态度通过冷静的分析来对待。5号对于知识总有无休止的渴求，因此，他们非常喜欢读书，并坚信世间的一切都可以通过书籍得到，甚至是那些人与人之间的情感、情绪的交流，他们也会先通过观察，然后再去书中得到与自己观察相对应的解释，并把这解释当作解读某一类情绪、情感的真相，在自己下次遇到相同事件以及由此带来的情绪、情感时方便调用，以客观地对待这些情绪和情感。5号无论何时何地总给人一种"冷眼旁观"的感觉。

人格特征描述

● 5号非常注重对知识的追求，可以说对知识的追求本身就足以成为一种推动力，不断推动他们钻研各种学术或研究各种原理。因为他们对自己抱有一份"不可以有不知道"的态度，同时认为只有通过学术研究或对知识的学习才能够让自己产生了解一切的充实感。同时，他们对于知识的追求方式又不是那种同时对很多领域都感兴趣，并一头扎进书本的感觉。5号往往是在现实中经历了某些事件，并在事件中发现了自己原本没有接触过的情况，包括出现了以往没有体验过的情绪、情感的时候，他们就会对这份原本没有过的体会产生疑问，因为这一状态在5号原本建立起来的词典中是空白的，此时他们就会产生一份因

"自己不了解"而空虚的感觉,进而在接下来的时间里搜寻与这些状态有关的一切资料,潜心研究,亦会把这些资料或书籍当作最有价值的物件珍藏起来,久而久之还形成了一个收集图书的习惯。但因为现实中总会出现新的情况,5号一旦遇到新情况便会陷入思考和研究(很少"举一反三"的缘故),所以有些时候会过分陷入思考和分析中不能自拔而导致行动上的停滞,给人一种太过冷静的感觉。

● 5号对于生活质量要求不高,因为他们把精力更多地放在研究学问方面,亦因此需要一个属于自己的空间,并能够让自己全然地在这个空间中进行对知识的钻研。同时,他们不喜欢处理家中琐碎的家务,也不会觉得家中凌乱,因为他们根本就没有关注到这些环境,家对于他们来说是最好的私人空间,而他们对私人空间的定义是"让自己安静地、不受外界干扰地进行学术研究的地方",所以他们在家中就会完全地投入学习和思考中,对身边的环境全然不知。但他们并不会因为凌乱而找不到自己需要的东西,5号总能记住自己把需要用的物品放在哪里,这也是他们冷静和较好记忆力的特质。他们对物质生活要求很低,能够达到自给自足的水平就可以了,但对于生活中各种事情的认识要求很高,简单说就是自己一定要知道很多事情,但至于是否真的经历过或者是否要采取行动去感受一下就另当别论了,往往是知道了就足够了。5号喜欢一个人独自活动,当然活动也主要是集中在学习和研究方面,也正是因为要学习和研究导致他们不希望被人干扰,因而更加注重甚至是享受一个人的独处,给人一种抽离现实的冷冰冰的感觉。

● 5号为人处世比较内敛,不喜欢也不善于与人交际。他们在人际关系上也表现得非常冷静和系统,总是分门别类地划分,但要注意,这划分不是基于人际关系本身的标准(如关系亲密与否、情感深入的程度等),而是基于自己在学术或研究的不同领域来划分的(如喜好天文学的分在一起,研究物理学的分在一起等),并且自己绝不会打乱这种分类,一定不会让隶属于不同圈子的朋友在同一个聚会或环境中出现。5号这样做的原因是，他们认为这样做一方面可以让人际关系简单并且有条理，自己不会陷于处理复杂关系的境地而影响自己冷静、客观、系统的思考状态；另一方面他们也觉得这样做总能够确保自己绝对拥有一个属于自己的空间能够退守，同时保护自己的隐私（"自己有不知道的事情"就是他们的隐私）。3号给人一种在人际关系中将自己永远置于旁观者地位的平淡的感觉。

● 5号也属于情感薄弱的一类，这也是九型人格中最后一个具备情感薄弱特质的人格号码。但对于5号的情感薄弱要注意，他们并不是像1号人格那样用数字化、逻辑的方式，以分析的口吻进行情感表达，也不是像3号那样过分关注用实际的行动表达而忽略语言。5号从根本上就拒绝情感的表达，或者说他们拒绝让自己体验到情绪或情感，因为任何情绪和情感都会让他们进入主观的状态，进而影响他们的冷静和客观。所以，他们比较抗拒在任何情况下出现的情绪、情感表现，当他们遇到他人表现情绪、情感时也会不知所措。同时，他们也因此会对学术研究和知识学习以外的话题，特别是情感或家中琐事的话题不感兴趣。在人群中，特别是当大家都在闲聊（八卦新闻、家长里短）的时候，他们就会显得很无聊，但若是与知识有关的话题（前提是他们正在研究的领域），他们就会兴趣盎然，甚至喋喋不休。但大多时候他们拒绝情感、情绪的态度，给人一种冷漠的感觉。

行为背后的动机

5号渴望能够成为一个无所不知的人，并以此让自己能够在面对任何生活事件的时候"有法可依"。因此，生活中的每一个新局面都会让他们有一种束手无策的感觉，这份感觉马上被5号转化成一份因为自己不知道而内心空虚的状态，此时就会更加强化他们退回到自己的空间进行研究和学习，并以研究成果来充实自己内心的空虚。所以，5号行为背后的动机就是"在自己的空间里进行研究和学习，并充实自己"。

5号人格的深层渴望

5号对知识的追求，以及要让自己成为一个学识渊博、无所不知的人的态度，其根本原因在于，他们希望自己今天的知识积累能够在将来面对生活时，避免出现因为自己原先不知道而不知所措的状况。因此，他们的深层渴望是希望自己认识了解一切，包括事物、环境、人，以及那些抽象的、很难用清晰而简单的语言所描述的情绪和情感。如果说我们所认识的世界取决于自己头脑中原本对世界的理解的话，5号就希望自己原本的理解能够足够多。换一种比喻的方式来说就是，如果世界是一幅画，而我们往往只能够看到画框内的图案，那么5号的深层渴望就是通过学习和研究让自己原本存在的画框无限地扩大下去。

5号人格的深层恐惧

由于5号总希望能够事先就认识或理解未来有可能出现的状况，并让自己在真正对峙这些状况的时候能够有足够的资源利用，因此其内心总是伴随着一份资源不足的空虚感。这也是他们抱持的一份"要认识了解一切"的态度所造成的，也就是说，5号把生命中的一切都视作可以通过系统的学习或研究（纯粹的思考）达成认识或理解的，因此把事情或经历按照属性进行分类，根据类别进行研究和学习。但是生命中总是会出现新的事物类别的（5号关注客观的物质性的类别而忽略不同类别背后相同的性质或意义），所以，5号也就总是能够遇到自己不知道的事情，进而总是体验空虚然后又加重学习和研究的行为。总的来说，5

号的深层恐惧是，没有足够的知识资源来保护自己对峙未来有可能出现的状况。

5号人格语言、身体上的沟通

● 5号的身材瘦弱（除了瘦，真的给人一种弱的感觉，这有可能是他们对物质生活要求过低造成的营养不良），平日里大多数时间都是安稳地坐在那里，站立时身体动作也很少，即便是行走的时候也会是径直去向目标，这是由他们追求生活的简洁所决定的。他们极少的身体动作也会给人传递出一种"请不要关注我，我只是一个旁观者，并不想投入你们的环境或话题当中"的隔离感，以及他们的身体太过僵硬的感觉。

● 5号的着装非常简朴，因为他们对生活质量要求不高，更多地关注自己的精神世界，亦因此忽略掉时尚和流行的趋势，导致他们的着装甚至给人一种"过时"或"老土"的感觉，总之就是与当下的时代不匹配。另外，他们过分沉浸在思考的状态中，以及厌烦琐碎的家务处理的特质，让他们的外表流露出一副"不修边幅"的感觉（有些时候他们的衣物真的是好久都没有洗过）。

● 5号的语言很少，一方面源自他们总是需要以客观的身份来观察和思考；另一方面，他们认为语言本身就会引起很多情绪和情感，而他们自己又拒绝情感和情绪，所以也让自己语言的表达显得很晦涩。身体语言更加谈不上，最多是在谈论学术话题的时候头部会有一些轻微点头的动作，让人感觉他们的身体只有脖子以上才有生命一样。5号的面部表情很平淡，即便是正在经历激烈的情绪或情感他们也是表情木然（此时，他们内心想的是赶快离开这个环境，回到自己的空间去），因此给人一种"冷漠"的感觉。

5号在情感上的漠然，以及平淡的面部表情也是因为他们自己拒绝情感导致的。亦因此，很少能够从5号的眼神中觉察到情感、情绪，这也强化了那份冷漠的感觉。同时，当他们无法回避情绪、情感话题或环境的时候，他们也会以回避对方的注视的方式来尽量避免与人眼神的交流，以此来抗拒对方的情绪和情感同时保护自己。5号给人一种眼神"迷离"的感觉。

压力以及低能量状态下的感觉变化

5号的压力主要来自遇到自己不知道或不理解的事情进而产生的空虚感。特别是在对人际关系的处理上，5号更容易体验到空虚感，因为他们拒绝情感和情绪的态度，以及由此带给身边人的冷漠的感觉，让他们总是经历情绪和情感的刺激。而这时，他们又反而把这些刺激看作自己不理解的事情，并退守到自己的空间以便对这些不理解之事进行思考或查阅典籍来学习，当思考清楚或从书中学到某些解释之后，便会产生一份充实的感觉，但是否应用这些学到的知识处理那些情绪、情感（换句话说是否学以致用、将知识转化为行动）就无所谓了。也因此他们总是无法把学到的知识很好地应用在实践中，并通过实践更加清晰、系统地充实自己，从此陷入一种过度思考和研究的无作为状态，给人一种"空想"的感觉。

轻松以及高能量状态下的感觉变化

轻松自在状态下的5号，懂得在研究和学习自己未知领域的知识之后，把内心的这份了然和充实感分享给身边的人，至少是在自己定义的朋友圈子中以学术讨论的方式分享出来。与此同时，他们也会采取行动，真正应用自己学过的知识以及资源，面对生活中的种种可能。5号能够懂得看到事物背后更为深刻的价值或意义，并以这份价值或意义来对事物进行分类，而不只是停留在事物的表面现象或现象的属性上。这样，5号就能够在处理相同意义的事件时，调动自己已经掌握的知识和资源，久而久之更会懂得通过调动资源来对治生活中经历的一切。成为既懂得冷静观察、客观思考，又懂得采取行动、坦然处理一切的人。5号给人一种睿智感。

第六节 6号人格解析 理性安稳的忠诚者

人格型号标签的含义

6号的标签是"忠诚型"，转换成对感觉的表述是"理性安稳的忠诚者"。6号总是关注到环境中可能存在的风险，并以绝对理性、逻辑的方式来梳理这些风险，甚至对于情绪、情感的感受与表达，也采取理性的态度，以逻辑的梳理方式进行，凡事都要以"理"服人，给人一种过分理性的感觉。同时，这份感觉也让人感受到6号内心的不安全感和时刻抱有对人、事、物的怀疑态度。但6号内心渴望能够依靠环境或者环境中的人的支持和信任解决生活中的风险，收获内心的安稳，因此，他们又会在与人交往的过程中表现出一旦认可便格外忠诚的态度，甚至愿意为了这份认可牺牲自己，给人一种忠厚、朴实的感觉。总体来说，6号是通过凡事理性的态度来追求在环境中的安稳状态，并无限忠诚于这份安稳状态的类型。

人格特征描述

● 6号为人处世相当小心谨慎，因为他们有很重的危机感，总是对环境中的风险以及可能存在的问题忧心忡忡，甚至过分关注这些风险和问题，让自己陷入不安的状态。因此，他对于环境中的任何一个细微的变化都会十分敏感，这份敏感并不是指向体察对方的感受，而是通过敏感地觉察对方的变化来体会自己内心的感觉，并以逻辑的方式根据这份感觉梳理出自己对变化的判断，从而决定这个环境是否对自己是安全的，并以这份判断来采取不同的态度或忠诚跟随，或彻底离开。因此，6号对于人际关系的态度也是两极分化，但他们的两极分化并不是起源于一开始内心已有的标准，而是通过在实际交往中的判断，表现为两极分化的态度，也就是他们一方面很相信人，但在交往中又会把焦点放在觉察这些人有可能背叛或伤害自己的事情上（但这些事情有可能本不存在），并以自己的判断来定义这些事，表现出极端的人际关系态度。

● 6号谨慎小心的态度，凡事深思熟虑、理性梳理的行为风格，导致他们对于生活中的各种事件（包括情感）都喜欢以抽丝剥茧的方式细细思考，并预先设想各种万一出现的负面可能，同时针对这些可能出现的负面情况认真地进行各种计划，以求届时能够应对。所以，6号对生活中的各种负面可能（注意是可能，而不是情况）非常敏感，亦因此很难做出决定（他们总是关注各种可能的负面结果，所以难以决定）。比如在点餐时，他们内心的对话有可能是"吃这个有'苏丹红'，吃这个有'孔雀石绿'，吃那个'嘌呤'太多"，然后半晌做不出决定。可以说6号对未来的担心会胜过他们对未来的美好憧憬，所以，他们经常感到内心的不安全感匮乏，并因此对身边的一切都抱有一份怀疑的态度，这份多疑导致他们给人一种精神过度紧张的焦虑感。

● 6号在为人处世方面奉行中庸之道，不喜欢表现自己，甚至在结果已经明确表明是他们所为的时候，他们也会强调是大家共同努力的缘故，有一种万年"老二"的感觉。他们觉得这样做才是安全的，因为其内心总会有一种"枪打出头鸟"的担忧。另外，独自面对问题或承担责任对6号来说是一份危险，所以他们更愿意依靠在团队或环境的氛围里，以共同承担的方式采取行动，以此分担风险。同时，为了这份安全感会让自己对团队忠心耿耿并安于现状（一旦转换环境可能要面对人际关系上的风险）。另外，他们做事情喜欢秩序感，也就是说把事情以逻辑层次进行分类，并严格按照这些层次理性处理，这样做虽然能够让6号处理事情井井有条，但亦会因此忽略了内心的感受和他人在情感上的需求，陷入过分理性的状态中。另外，也由于他们的不安全感和逻辑判断的思维方式，6号对权威人士有一种既"尊敬"又"怨恨"的情绪。他们一方面渴望依靠在权威人士的保护下，以此收获安全感；另一方面又因为权威人士不可能只让他一人依靠的情况而怨恨对方不能给自己提供绝对的安全感。

行为背后的动机

6号对环境中风险的过分关注，导致他们非常希望能够得到身边人的支持和认同，并把这份认同看作是自己存在于环境中的安全感来源，但是他们对收获信任的渴求与对人怀疑的态度又让他们体验在一份内心的挣扎之中，反而加重了内心的不安全感。反过来又去通过各种试探性的行为和态度去追求安稳。但无论行为的结果如何，6号行为背后的动机都是为了构建一个安全的环境，让自己在这份安全的环境中得到更多的来自他人支持的安全感。

6号人格的深层渴望

由于6号内心始终存在的那份对未来可能发生的负面情况的担心,导致他们在生活中时刻以关注风险并追求安全保障的态度采取行为,渴求通过自己谨慎小心地防范风险,构建绝对安全的环境,以得到身边人的支持(撑腰)作为维护安全环境的关键资源。所以,他们更加强调逻辑的梳理和中庸的态度,并在与人的交往过程中凡事"理"字当先。这都是6号为了满足内心对安全感、保障性和支持的需要所导致的。总的来说,6号的深层渴望是活在"意料之内"的安全环境之中。

6号人格的深层恐惧

6号内心渴望活在"意料之内"的安全的环境之中,但是他们却总是关注到生活中所有负面的可能,这就让他们很难以信任的态度来面对环境,在行为上就表现出多疑和焦虑的状态。同时,这份多疑和焦虑的状态又会影响身边人对自己以同样的方式来回应,这就加重了6号内心的不安全感,让他们生活在总感觉时刻会被人或环境伤害的恐惧之中。同时,因为总得不到(或者说因为多疑总感受不到)身边人的支持,而让自己产生一份内心无力保护自己的不安全感,并活在这份不安和无力保护的深层恐惧之中。

6号人格语言、身体上的沟通风格

● 6号的身材适中,因为他们需要足够的体力或者说能量来让自己感受到充实感，所以很少出现很瘦弱的身材。行走、站立以及坐卧都会表现得局促不安，手脚似乎不知道放在哪里的感觉。与人相处同一环境时一定会为自己与对方保持一个安全的距离，特别是他们在陌生环境或内心不确定是否安全的时候，给人一种冷冷地观察并在内心盘算的感觉。当他们遇到他人与自己的立场不同的时候，身体上的局促不安的动作会更加明显，表现得焦虑、不自然。6号的着装以便于打理为原则，朴实无华。但并不老土过时，只是深色居多、款式简洁而已，因为这些深色的服饰好清理，款式简洁，面料简单，就不用因过分洗涤和保养耗费时间。因为他们认为过分出位的外表会让自己成为焦点，这风险太大，同时他们亦认为复杂本身就蕴含着各种风险。

● 6号的眼神总是焦虑的、不安的，颧骨部位的肌肉总是紧张的，即便他们在笑的时候，眼神的焦虑和颧骨部位肌肉的紧张感也挥之不去，因为他们对环境的敏感，导致他们的眼神总是时刻环顾着环境中的细微变化，并在思维上时刻都保持一份警惕性的思考或逻辑梳理，导致他们的眼神飘忽不定但多表现为横向移动（因为他们在扫描环境中的人），面部表情紧张生硬。给人一种总在猜测和怀疑并内心盘算的感觉。

● 6号的话语中，理性、逻辑的成分非常多，甚至是情感、情绪也是以逻辑的梳理来表达，让人很难感受到他们真实的情感（至少是被逻辑的梳

理封闭了），在言语表达过程中，他们喜欢绕弯子，以此做大量的铺垫，来强调自己的"理"，最后再让对方通过这些甚至是暗示性的"理"的引导表达出对6号内心想要表明的信息，而自己这时收获了一份被理解和支持的感觉。但由于他们太过理性和逻辑的表述，反而容易让人失去耐性，进而不断追问或澄清6号究竟想要表达的意思是什么。而这时，因为6号感受到了一份被人厌烦的感觉，从而出现内心的不安全感，语言中就更多了一份欲言又止的感觉，很多吞口水的动作以及身体上局促不安的反应，眼神更加焦虑，面部表情更为僵硬。平日里，6号的语言中转折性的词很多，比如"这样很好……不过……""虽然/同意……不过""万一……"，给人一种过分担忧的感觉。

压力及低能量状态下的感觉变化

6号的压力主要来自在环境紧张的人际关系中，由于他们多疑和焦虑的态度，总给人一种内心盘算的感觉，因此总是在人际关系中被他人以怀疑、不信任或试探性的态度对待。但其实6号内心又渴望与人建立信任的关系，因为这份关系可以让自己有所依靠，收获安全感。这导致他们在现实中过于关注身边人对自己的反应，并为了得到良好的反应反复强调自己的"理"，希望能够以"理"服人，陷入追求表面现象的境地中，忽略了自己内心对安全感的真正感受以及他人的情感，并为了得到表面的支持而更加强调"理"，再加上他们在人际关系上两极分化的态度，导致最后彻底关上心门，不给他人真正理解自己的可能（实际上是他们过于关注表面而没能给对方真正的理解），最终让自己陷入不被理解却又强调自己的各种道理，追求表面认可的境地中。给人一种过度"恐惧担忧"并表现得"虚伪"的感觉。

轻松及高能量状态下的感觉变化

6号的轻松状态得益于他们自己能够转换视角，把焦点多集中在内心已经收获的满足感或安全感上，并通过这份安全感相信自己能够有足够的勇气和资源来对治环境中出现的各种风险，让自己能够更为感性地感受到自己内心的情感、情绪，并把这份情感、情绪作为判断环境特别是人际关系的态度。也就是说，当6号能够意识到安全感来源于自己内心对自己已经安全的信任，在以这份信任去观察环境中更值得自己信任或带来更多安全感的方面，而不是为了安全感而去关注那些风险的时候，6号才会成为真正安稳并能以自己所体会的感受帮助身边人防范风险的人，亦会以这份不只有逻辑的道理还有感性的情理之"理"，收获身边人对自己的支持，进而真正享受在安全的环境中，感受到别人对己的忠诚所带来的内心安稳的感觉。这种状态下的6号给人一种"朴实、稳重""脚踏实地"的感觉。

第七节 7号人格解析 追求快乐的乐天派

人格型号标签的含义

7号的标签是"开朗型"，转换成对感觉的表述是"追求快乐的乐天派"。7号天性乐观，喜欢追求新鲜刺激的体验，并且把这些追求看作自己生活中最重要的事情。不喜欢沉闷、单调的状态，眼前的事物或环境中一定要有多种选择的余地，否则就会感觉没意思。对于生活中的困难或环境中的问题局面，7号不仅乐观，而且表现在行为上总以逃避的方式来应对，但他们绝不会沉浸在某种困难所带来的情绪里。遇到困难时他们总是马上让自己更加投入新奇、刺激或开心的事件中，以此来回避困难或问题局面。另外，他们总是一副大大咧咧的状态，且精力充沛，言谈举止中总是有一股无法掩饰的搞笑态度。给人一种无论何时都很乐观甚至是"没心没肺"的感觉。但有些时候由于过分追求快乐的体验而忽略对困难以及问题局面本身的解决，给人一种过度以快乐的行为来逃避现实的感觉。

第二章 九种人格特征的深度分析与对号入座

人格特征描述

● 7号乐观开朗，活泼好动，与他们在一起时总是感到环境中充满快乐的感觉。他们面对生活总是将视角关注在积极、阳光的一面，遇到问题真的发生便会继续以追求快乐的行为来闪避，并以此保持自己的开心状态。7号最怕生活单调、沉闷，如果整日无事可做或者需要重复单一的生活状态，就会产生一种生命静止的感觉并因此备受煎熬，但是有些时候，7号也会只针对某一类事物产生强烈持久的兴趣，甚至一直沉浸在这一类事物的体验或追求当中。因为此时他们并不需要体验很多种不同类型的刺激才能体会新鲜、快乐感觉，可以说，他们是发现了某一类事物中的不同面向，然后沉浸在对不同面向的无限探索和感受中，并从中发现乐趣。也就是说，一种7号需要不断体验各种新鲜刺激的事物来让自己快乐；另一种7号则会沉浸在一种事物的不同面向里体验快乐（如发现数黄豆是一件非常快乐的事情，因为每粒黄豆都有各自的特点，发现这些特点太有趣了）。

● 7号喜欢追求生命中自由的状态，他们不喜欢被环境或人束缚手脚，总给人一种天马行空的感觉。亦因此比任何人都会害怕生活中的沉闷，并把沉闷或单调的生活本身看作对自己追求自由的束缚，所以，7号总是喜欢参加各种活动，并以自己在各种新奇、刺激的活动中体验多元化的快乐感觉为追求的目标。同时，7号亦需要多重选择，或者说他们爱生活中同样追求多种选择的状态，因为他们把追求事物的各种可能性看作自由和刺激的体验，因此单一的选择会让他们觉得索然无趣，不过人的精力有限，7号同时追求生活中多种选择的态度，有些时候会因为自己无暇顾及而给人一种眼大肚小的感觉。

● 7号在社交场合亦会是活跃气氛的关键人物，因为他们害怕沉闷，本身对于社交活动的参与就是他们追求活跃、快乐的行为。如果在社交场合中大家沉默寡言，他就会觉得浑身不自在，因此每次只要有7号的朋友在场，他们一定会主动地娱乐大家，以制造快乐的气氛，但有些时候他们的娱乐行为或笑话并不能很好地引起共鸣,不过你却发现,他们自己在那里乐翻了天,他会首先娱乐大家,如果大家不乐也没关系,我自娱自乐就OK了,总之不能有一点沉闷的感觉。因为7号的社交活动非常丰富,也让他们的朋友圈子很广,有可能涉及社会的各个层面,而且他们在各个圈子里都会是一如既往的开心果角色。虽然不是八面玲珑的社交高手,但亦会因为一贯开心的态度和形象得到不同圈子的认可。

● 7号头脑灵活,思维敏捷,且这些敏捷的思维都是指向对"新、奇、特"的感受和追求上,也因此导致他们平日里经常一心多用,同时操练很多件事情,虽然有些时候手忙脚乱,但你会发现他们正享受在这份手忙脚乱的多方开工的状态中。也因此总会感觉7号精力充沛,只要是燃起了他们的兴致,就会无休止地做下去,无论工作还是生活,一旦兴趣所至,便开足马力全情投入,甚至彻夜不眠,但转过天来仍旧是一副精力十足的样子。给人一种只要有快乐新奇的事情在,就会不知疲倦的感觉。

● 7号为人率真,与人相处很少因人而异地变化态度,基本上他们都会抱持一份乐观、积极、坦率的状态对待身边的人。有些时候,过于冲动、率真的言行给人一种"没大没小"的感觉。他们的喜怒哀乐会直接毫无掩饰地表露在脸上,但是他们追求快乐的事情并以这份追求的方式来闪避痛苦或困难的态度,又让7号在真正遇到痛苦并因此产生负面情绪的时候,很少直接地表露出来,反而以更加追求快乐的行为掩盖。另外,他们在与身边的朋友讲述自己的悲伤或郁闷经历时,也会不自主地把这些事件加工成笑话,并以搞笑的方式表述出来,给身边的朋友一种自嘲以娱乐大家的感觉。所以,面对 7 号时,很难感受到他们现在是不快乐的,是痛苦的。这也是 7 号抗拒经历生活中的痛苦的态度所致。

行为背后的动机

7 号追求生活中的自由和丰富多彩,渴望新奇、刺激的体验,并从这些体验中不断收获快乐、自由的感觉。他们内心抗拒生活中的痛苦,并且把一切负面的情况都解读为痛苦的状况(包括沉闷)。因此,他们在生活中会有很多理由支持自己以各种追求快乐的行为来逃避痛苦,很会自圆其说地合理化自己的逃避行为。在实际生活中,他们也真的会应用很多新奇、刺激的事情来填满自己的时间,让自己无暇顾及和处理那些痛苦的事件。可以说,7 号一切追求快乐行为背后的动机是:渴求快乐的状态,并以追求快乐的行为来避免让自己体验到生活中的痛苦。

7 号人格的深层渴望

7 号追求新奇、刺激的事物,面对生活中的困难或问题局面也总是习惯性地以躲避的方式来应对。他们内心拒绝体验生活中的痛苦或者一切负面的情况,但他们真正追求的内在满足是,真正体验到生命本身的快乐、喜悦。也就是说,当 7 号能够意识到只有真正解决了那些痛苦事件或从问题局面中走出来的时候,内心才会感受到真实的快乐,而这份快乐也是 7 号所追求的内在真实的存在价值。因此,7 号的深层渴望是:"真正解决造成自己痛苦的事件之后内心所感受到的生命本身的快乐"。

7 号人格的深层恐惧

与 7 号追求的内心快乐感相对立的,就是他们的深层恐惧,也就是他们在日常生活中一贯地追求新奇、刺激,想要躲避生命中的痛苦或问

题局面。因为他们清楚，永远有生命过程中的阻碍存在，这些阻碍一定会让自己在某些时候陷入某种痛苦或困扰之中。所以，7号就会反复告诫自己要始终看向那些积极的方面，并要求自己不断地采取行动体验各种有趣的、乐观的事情，让自己尽可能的不遇到那些痛苦。但越是如此追求快乐，内心对那些掩盖下来的痛苦感觉就会越强烈，并担心它们时刻有可能爆发，而这份担心本身也是一种负面的情绪体验，于是，7号只能增加更多的追求刺激的活动，以此来填满自己的生活时间，让自己无暇顾及那些被压抑下来的痛苦。所以，7号的深层恐惧是："终有一天要面对那些无法回避的痛苦。"

7号人格语言、身体上的沟通

● 7号的身材偏瘦，但充满活力，不会给人那种弱而无力的感觉，他们的瘦是因为太多的时间去参加各种活动、体验各种新奇和刺激从而消耗了体内热量所致。由于他们关注环境中一切有趣、好玩的事情，导致他们很容易走神或分心，坐、卧、站立也会因此显得多动、不安宁，很少能够安静地待在那里。行走步伐快，甚至经常以跑代走，给人一种风风火火的感觉。这感觉似乎在说，如果不这样的话就会浪费很多时间去体验其他好玩的事情一样。7号的服装夸张、鲜艳，喜欢标新立异，但有些时候不见得是得体的，他们非常注重新奇，对于是否符合环境就另当别论了。同时，他们对于服饰非常讲究，总是喜欢佩戴一些有意思的装饰物来装点自己的形象，但亦有可能忽略装饰物与服装整体的协调性。

第二章 九种人格特征的深度分析与对号入座

● 7号的眼神充满活力，并且总是笑容满面（注意并不是微笑，而是开心的、开怀的笑容），也因此他们的眼神总是有一种闪耀的、精灵般的感觉。他们的面部表情非常丰富，而且表现明显，从不掩饰或修饰，喜怒哀乐都会直接地表现出来，但是他们快乐的表情要多过悲伤的表情。他们的身体动作也很丰富，手势上的表现多且夸张，说到兴致最高点，经常是眉飞色舞，手舞足蹈。这也是他们娱乐环境的一个无意识的行为表现。

● 7号在语言表达上的特点是，语速很快，且声音洪亮，给人一种害怕别人听不清楚而漏掉他们言语中幽默元素的感觉。同时，他们的语速快也是为了能够保证自己尽快地把话题中的有趣元素表达出来，好让大家都能够沉浸在快乐活泼的环境中。7号在表达方式上总表现出一种风趣的、搞笑的态度，语气和神态都透露着这股搞笑的劲头儿，甚至是在讲述自己悲伤的经历或抱怨负面的情绪时，也经常因为这股劲儿而让身边的人开怀大笑。他们在说话的过程中容易跑题，这是因为他们总是关注每一个有趣、刺激的元素以及一心多用的特质造成的，也就是说，他们有可能在表达一件事情的时候，突然又想到了另一件事，或者想到了这件事中一个特别好玩的环节，然后就开始着重表述这些有趣的环节或干脆说另一件事情去了。同时，他们对于自己的跑题还不以为然，因为他们正在谈论好玩的事情，比起事情本身的重要程度或意义来说，好玩有趣是永远排在前面的，亦会因为这个原则让 7 号很没有耐性去听别人无聊而单调的事件描述性的言语，他们会经常打断对方，并努力把话题引向有意思的领域里面。这给人一种谈话没有焦点却又毫无顾忌地跑题的不羁感。

压力以及低能量状态下的感觉变化

7 号的压力主要来源于内心总是能够清楚地意识到，自己虽然在现实中不断地以追求新奇、刺激、有趣的事情来填补自己的时间，并让自己快乐起来，但实际上那些让自己痛苦的或产生负面情绪的事件或问题局面并没有解决。这时候，7 号就会产生一种自己应该面对痛苦，并采取行动去解决那些痛苦事情的理性认知，但同时，他们那份抗拒痛苦的内驱力又导致他们继续以追求"新、奇、特"的方式来逃避现实。这让他们陷入内心的矛盾中，同时又会因为这份矛盾而表现得对身边的环境更加敏感和挑剔，一旦有负面的元素出现的苗头，他们都会马上对抗。另外，由于 7 号过往总是带给身边的人以快乐的感觉，导致他们在遇到问题时，虽然内心渴望得到他人的帮助，但外表仍旧嘻嘻哈哈，也因此无法得到他人的关怀，进而又衍生出一种挑剔他人不理解自己的态度，并退守回自己的世界里，一方面防止身边的一切给自己带来的压力，另一方面以独自享乐的方式来逃避现实。这给人一种过分"自娱自乐"的感觉。

轻松以及高能量状态下的感觉变化

7 号在轻松状态下，会懂得静下心来，在自己的空间里以独处的方式认真思考自己内心真正渴望的快乐状态是什么，清晰地将这些追求分类，并制订行动计划，让自己有条不紊地采取行动，并懂得合理地分配时间，让自己在单位时间里集中精力地完成某件事情，然后再去做另一件事情。把一心多用的天分放在计划和思考行动的目标和策略上，并以此提高自己行动的效率,保证行动的质量。同时,他们也会有勇气面对内心的恐惧以及现实中的痛苦,并且懂得通过自己敏锐的思维以及合理的计划加上有效的行动来解决这些造成痛苦的事件。真正通过工作、生活的有效活动以及成就感来充实自己,并收获内心真正渴望的生命快乐。这给人一种真正享受快乐成功生活的"悠然自得"的感觉。

第八节 8号人格解析:有勇有谋的统治者

人格型号标签的含义

8号的标签是"果断型",转换成对感觉的描述是"有勇有谋的统治者"。他们为人处世直截了当,从不含糊不清、模棱两可,决策、行动均表现得果敢、迅速。但他们的思维或者说思考过程并不简单,总是衡量多方面因素,对双方实力做出明确的判断之后再确定对治环境的策略,只是他们勇敢、迅速的行动以及过程中不拘小节、雷厉风行的行动风格,让人觉得他们似乎做事情没有经过深思熟虑一样。其实,8号是既懂得谋略又具备勇气行动的人。他们在生活中完全依靠自己的实力来主宰生命中的一切,并且因此有一种控制身边一切(包括人、事、物及环境)的内在动力,当通过衡量环境中的因素认为自己的能力占据上风时,就会毫无修饰地表现出一副王者风范,绝对地掌控环境中的一切;当认为自己的能力稍显逊色或略有不足时,虽然行为上表现得低调谦逊,但内心绝不会放弃这份斗争的欲望,此时他们只是积累实力,蓄势待发,一旦实力充足便会反击。8号可以说是一位喜欢大挑战、关注做大事、不拘小节却又懂得谋划的智勇双全的人。8号给人一种霸气十足的统治者一般的感觉。

人格特征描述

● 8号凡事果断勇敢,他们强调独立自主的思考和决策,并采取行动,以掌控一切的方式来主宰自己的人生，极富冒险精神，喜欢挑战大事情并不断拼搏，给人一种总是在战场上战斗一样的感觉。8号直爽、坦诚，说话办事都是直截了当，从不拐弯抹角，但他们过于强硬的态度总给人一种太过强势的感觉，也因为他们在言语上不够圆滑经，常造成他人的误会，并有可能因此造成人际关紧张，但8号对此不屑一顾，仍旧会以直接、率真的方式勇敢地表达自己的各种想法，有看不过眼的地方也会直接指出来，很少顾及对方的感受。因此，他们也不惧怕环境中对抗自己的负面情绪或与人发生意见争执，反而有可能会以战胜环境或他人作为自己主宰人生的一个重要环节。这一状态的形成也是因为8号只注重"大事情"的内在特质所致，在他们看来，大目标、大事件的完

成才是证明自己实力并掌控环境的关键，至于那些小细节以及人际关系等，都只是过程中的"浮云"，所以，他们总是关注宏观局面，并在战略的层面投入很大的精力和时间，遇到小事情或对于细枝末节的处理则通常都是让他人代劳。7号给人一种大事英明、小事不灵的感觉。

●8号有一种与生俱来的正义感，主持公道是他们的责任，并且他们也喜欢通过伸张正义的义举来证明自己的实力，并从中收获掌控一切的成就感。遇到环境中的任何不公平或有失正义的事情，他们一定会站出来维护公理，为自己争取本应属于自己的公道。他们对待身边的亲朋好友亦会如此充满正义。不过无论是他们为自己还是为他人"路见不平拔刀相助"的时候，都会迅速衡量一下"敌我"双方的实力，如果自己

"力不如人"则会转换策略，以迂回的方式来对抗，有些时候甚至就会忍气吞声，但他们绝不会放弃斗争，只是暂时保存实力，积聚力量，蓄势待发而已。8号非常重情重义，对身边的亲朋好友以及所有尊重自己、跟随自己的人，都会首先把"忠义"摆在一切原则的首位，如果他们在生活中遇到困难或对自己有要求，自己一定会毫不吝惜地满足以及保护他们，赴汤蹈火在所不辞，给人一种"忠义大佬"的感觉（无论男女都是如此）。

● 8号在生活中很有主见，为人处世有一套自己的标准，不喜欢被别人指手画脚，同时，他们亦会要求身边的人能够尊重他们的主见和行为标准，是否遵守并不重要，但要绝对地尊重，他们会把这份尊重看作是自己掌控环境收获的成就感，亦会觉得你给他面子，并把你视作自己人加以保护。同时，8号还具备很高的领导和组织能力，喜欢发号施令并统领全局，在生活中无论自己是否真的担任领导角色，总是会让身边人不自觉地跟随自己，并把自己视作领导。另外，8号经常以对峙的态度来回应他人的意见，并且会不自觉地以"否定"的方式来对待他人的言行，让人觉得他们似乎一直都在与环境和人抗争一样，一定要通过这种战斗方式来树立自己的威严和霸气，并以胜利作为成就感的来源。因此，8号在表达对身边人的关系时，也会因为强硬、对峙的态度而让人产生一种专治、霸道的误会。不过，8号虽然不懂得言行上的温柔和体贴，但他们的内心同样具备脆弱温柔的一面，亦会非常需要他人的温柔体贴。特别是当他们独自一人的时候便会感受到内心的一种疲累、无助的感觉。

● 8号通过自己的实力来主宰自己的人生以及掌控生命中一切的内在动力，让他们亦会非常喜欢与那些同样敢于表达自己的想法，并直接、坦率地说明自己的立场，同时为了坚定自己的立场而不断拼搏战斗的人相处。当然，8号更希望这些人能够支持自己的立场，与自己同一阵营。他们不喜欢那些唯唯诺诺、迷迷糊糊、不知所谓、不清楚自己想要什么的人，以及那些只懂得阿谀奉承却没有真才实学的人。因为在8号眼里，这样的人都是在以旁门左道的方式进行着一些暗箱操作的勾当，是不光明磊落、不正义、不公平的举动。同时，对于那些实力确实不强、过分软弱的人，8号也不喜欢，即便这些人依赖并尊重自己也不可以，因为8号希望即便实力再弱，也不能在心理上、意识上消沉软弱，应该能勇敢地去面对并武装自己，软弱和实力不强是完全不同的两回事。

行为背后的动机

8号关注大事情，喜欢大挑战，总是有一股战斗的状态，好像全副武装、严阵以待的样子，随时准备接受生活中的各种挑战或主动出击去挑战各种状况，以绝对掌控身边环境包括人、事、物的方式来证明自己的实力，维护自己的强势、威严、霸气，同时以这份强势、威严、霸气的感觉来让人产生敬畏，并尊重自己，服从自己的统治，让自己维护独立自主的地位以及避免受到环境中各种元素的压迫。其实，看似8号极具野心，总想成为掌控一切的"统治者"，但其实他们的内心需求十分简单，他们的一切战斗般的行动和态度只是为了追求和证明自己拥有"可以主宰自己的人生"的能力，仅此而已。这也是他们行为背后的动机。

8号人格的深层渴望

8号的深层渴望是通过自己勇敢地追求独立自主的人生，以及取得一个又一个"征程"的胜利来证明主宰自己人生的能力。但自己的人生中一定包括外在的环境以及环境中的人、事、物，8号为了证明自己的主宰能力，就会以对抗和控制身边一切人、事、物的态度和行为方式来对治环境，并以绝对地掌控周围一切，作为自己内心成就感的来源。因此，8号的深层渴望是环境中的一切尽在掌握之中，追求一种"尽归罗网"的统治状态。

8号人格的深层恐惧

8号的深层恐惧是：一旦自己松懈下来，便会被人乘虚而入，窃取自己已经取得的胜利果实或动摇自己的掌控地位，让自己多年来拼搏奋斗所建立起来的威望受到削弱，从而陷入被他人左右的境地中，同时感受到被人左右又不得又屈服于人的负面情绪，这份情绪又让自己觉得无法主宰自己的生活，有一种被命运牵着走的被动无力感。所以，8号时刻严阵以待的气势和掌控一切的追求背后，也是为了避免让自己陷入"无法自主，受制于人"的深层恐惧中。

8号人格语言、身体上的沟通

● 8号的身材要区分男女不同来表述，男性大多魁梧、健壮，女性大多结实、丰满。因为他们需要很大能量来面对生活中的战斗，所以敦实的身材也是自己实力和霸气的表现之一。他们在站立或坐卧的时候，都会不自觉地向后微倾，给人传递一种高高在上并等待你主动过来示好的感觉，有时候也是在传递一种"放马过来"的信息。走路时身材挺拔，趾高气扬，甚至有些时候会刻意增加两臂摇摆的范围，以此表明自己的领地以及传递自己的威势，给人一种"无所畏惧"的感觉。8号在着装上注重服装搭配的整体性，亦看重对自我风格的展示，因此他们的服装款式和风格类别很多，这也是他们根据衡量环境采取不同策略的思维方式所决定的。

● 8号的眼神专注，并直接注视对方的眼神，但面部表情又不会表现得过于严肃，不过即便是微笑的表情，也难以掩饰他们威严、霸气的感觉，也因此在他们的眼神中总是在传递一种强势、霸道的意味。8号的身体动作对比度很大，情绪低落的时候可以安稳地坐好，或静静地观察，但仍旧会表现出一种"我只是在默默地观察你们这些人的表现，适当的时候我会站出来点评你们的好坏"的感觉。情绪高涨时，则会手舞足蹈地以各种夸张的动作来配合情绪的表达。

● 8号的语言表达直截了当，且声音洪亮，语速一般，但在他们

表达自己的想法或正在与人对峙的时候，语速会变得很快，且不容被打断，同时即便你强行打断他，他也不会在乎，仍旧是提高声音，加快速度，并配合很大的肢体动作继续把自己要说的话说完，一旦说完之后就像如释重负一样，有一种畅快淋漓的感觉，至于你要表达的信息根本就不会听，表现出一副坚持己见、对其他对立意见置若罔闻的态度。8号对言语中的细节没有兴趣，更没有耐心，他们只关注语言中想要表达的最终目的，对你的各种过程描述或拐弯抹角会直接打断，并马上追问"你究竟想要说什么"，给人一种言语表达"硬邦邦"的感觉。

压力及低能量状态下的感觉变化

8号的压力主要来源于发现自己被他人左右，无法自主，并因此产

生一种被命运拖着走的无力感,同时亦会觉得自己被他人或环境打败而产生无力自主的挫折感。此时,他们就会减少自己的行动或以低调行事的态度来保护自己,并开始冷静、系统地分析环境中与自己对立的人、事、物,并衡量双方实力,暗自积聚能量,并收集对方在环境中犯错或失误的资料,以此作为接下来打击对方的"弹药"。同时应用这些"弹药"作为说服别人尊重和跟随自己的重要资源或交换条件,一旦遇到对立,便会应用这些资源以斥责的方式来批评对方,并否定对方的一切,打击他人的同时,维护自己的权威、控制地位,并以此来说明自己的正确性,但反而因为过于对抗的态度遭受了更多的反对,并让自己更加感受到来自环境的压力,结果更以战斗的方式回应环境以确保自己不被"欺负"。给人一种"专横、武断"的霸权者的感觉。

轻松及高能量状态下的感觉变化

8号在轻松的状态下,会懂得关注身边人的内心感受,并支持和帮助身边人发挥自己的才华,实现自己的梦想,同时亦会因为这份帮助和关怀得到身边人对自己的认可和感激,得到他人真心的跟随自己的回报。另外,8号也会懂得关注自己内心的情绪以及情感需要,并意识到勇敢不仅是针对恐惧或困难,也包括对爱与被爱的情感的需要和表达。因此,他们会更加关注身边人的情感需要并给予关怀和支持,同时也会主动表达自己的情感,以真正体验在和谐人际关系的状态来感受自己主宰生命的成就感。8号在此种状态下,会发现其实所谓的战斗不过是自己构建的虚拟战场,并且自己也已经在常年的征战过程中伤痕累累、疲惫不堪,真正的独立自主并不是通过对抗别人、控制环境得来的,而是真正敞开自己的心胸,以爱和体谅的态度接受环境中的一切,从而战胜自己内心害怕被别人控制的恐惧得到的,成为真正懂得把握自己的心灵,以亲切、和平的态度面对环境、对待他人,并以此发展他人成就自己,勇气与智慧并重的领导者。这给人一种"仁者无敌"(心怀仁义与感恩,眼中没有任何敌对因素的内心平静状态）的王者风范。

第九节 9号人格解析：与世无争的透明人

人格型号标签的含义

9号的标签是"和谐型"，转换成对感觉的表述是"与世无争的透明人"。9号的自我意识很强，并集中在关注自我存在的状态上，因此他们更加着重与"存在"而非"行动"，在生活中亦会因此表现得行动缓慢，给人一种不慌不忙的感觉。另外，他们在环境中很容易让人忽略掉，因为9号以配合他人的言行作为自己的反应方式，并以此维护环境的和谐，确保自己存在的状态是平和、舒适的。所以，9号很少会在环境中主动地表达意见或想法，总是随言附和，再加上他们不温不火的态度，很难让大家注意到他们的存在。同时，9号很难拒绝身边人的各种请求，亦不懂得坚持自己的想法或意见，给人一种与世无争的"和事佬"的感觉。对于事物，他们也很难做出选择，因为9号总是会发现事物中的各种好处或优点，并把视线集中在这些优点上，让自己无法排列优先次序，陷入犹豫不决的状态中。此时，他们最希望的就是身边能够有人帮自己做出决定。

人格特征描述

● 9号非常注重自己当下内心平和、宁静的感受，并以此作为自己存在状态的标准，追求一种与世无争的感觉。他们性情随和，对人态度不温不火，总能颇有耐性地与人相处，很少发脾气或表露出负面情绪。9号最害怕经历冲突或面对环境中的不和谐，不单是他们自己不能经历，即便是面对他人之间正在发生争执的情况，自己内心也会觉得非常难受，但他们过于沉静的态度和沉默的行为方式，又不能以言语的方式来劝慰对方的争执，但他们浑身不自在的表现，以及默默地在环境中表现出来的一种好像是自己被正在争执的两个人伤害一样的状态，可以瞬间无形地将冲突化解掉（给环境中的所有人一种不舒服的感觉，并让正在对峙的两人也感觉到自己的言行伤害到了9号，从而产生一种内疚感，停止争执）。另外，9号也会因为追寻一份和谐的状态而不喜欢与人竞争，他们内心"多一事不如少一事"的态度以及一切以和为贵的原则，让他们总是以退让的方式顺从他人，给人一种"温和、无争"的感觉。

● 9号平易近人的态度和顺从的特质，让他们的形象也会非常平和，加上他们大多数时候都是安静地在一旁待着，让他们在人群中很容易被人忽略掉，通常9号不会是环境中让人留意的人，甚至当人们刻意留心注意他们之后也会在一瞬间又把他们遗忘，给人一种经常融化在环境中的透明感。另外，9号不善言辞的特质，让他们一方面很难表达自己内心的想法或要求，另一方面也因此不会与身边人发生对立。即便真的反对他人的意见并勇敢地提出看法，也很难被他人注意到，因为他们的言语实在太平和，无法给人一种强调或请求关注的感觉。同时，他们内心渴望融合在环境之中，感受和谐的人际关系以及自我存在的舒适感的特质，也让9号不愿意表达自己的看法和内心真实的需要。

● 9号对于生活要求非常简单，他们没有过于强烈的欲望，对待物质和精神皆如此。9号只希望能够以懒洋洋的状态生活就心满意足了。

他们对于自我安逸的状态非常关注，亦会懂得享受这种安逸休闲的感觉，因此，他们也会比其他人需要更多的休息时间来让自己享受在休闲的状态里。9号为人处世都是不慌不忙、不紧不慢，他们内心追求一种做事平衡的状态，并关注细水长流的感觉，很少出现急功近利、不断拼搏的紧张状态。他们很少主动争取一些事情，甚至过于关注存在的和谐感而忽略自己内心真正想要的事情，总以依赖他人、跟随他人的方式来接受出现在自己面前的一切，亦会因此懒得去冒险或尝试新鲜事。他们总是喜欢活在已经习惯的生活状态中，并以此享受一种懒洋洋的感觉。另外一点需要注意的是，虽然9号不会在言行上拒绝别人，但是并不代表他们内心真的能够认可自己不同意的事情，他们只是以接受的方式来面对而已，但内心仍旧会坚持自己的看法，然后在行为上以更加缓慢行动的方式来表示自己的抗拒，直到对方因为受不了自己的缓慢而主动放弃为止。

行为背后的动机

9号关注自我存在的状态，并强调以享受"休闲、懒散、和谐"状态为自己内心的追求。因此，9号就会非常惧怕环境中充斥着"纷争、麻烦、压力"的元素，同时要求自己以顺从的态度和接受的方式来面对环境中的人、事、物。特别是对于环境中人们态度和情绪上变化的感受会非常敏感，一旦出现冲突、矛盾都会觉得破坏了一份和谐的状态，而自己陷入一种浑身不自在的感觉中。为此，9号也会刻意的不让自己表达任何意见或内心的需要，因为他们担心因此会带来他人对自己的反对，而引起纷争。总体而言，9号行为背后的动机就是：构建并维持一个和谐稳定的环境，并以顺从他人和环境以及自我忽略的方式来避开冲突纷扰。

9号人格的深层渴望

9号的深层渴望是：能够与人建立一种和谐的、舒适的关系，这份和谐与舒适的感觉不仅来源于人们之间情感上的共鸣,还要与环境中的一切都建立起这份和谐、舒适感觉的联结。也就是说,9号一味地顺从和接受身边一切的态度和行为方式,实际上是希望能够因此得到身边人对自己内心渴望的觉察,并能够主动地呵护和满足自己甚至都忽略的内心需要。同时,还要以一种不温不火的态度以及平和的行为方式来满足自己。因为9号强调一切都要"以和为贵",于是,对于9号而言,和谐就包含了精神上与物质上的

双重含义,简单说,他们既需要情感上的共鸣,又要求彼此能够保持一种舒适的距离,对环境和人以及事物均会不断地根据自己内心对平和状态的感受而变化要求。但无论怎样,9号都是为了满足"与环境中的一切和谐相处"的深层渴望。

9号人格的深层恐惧

9号的深层恐惧是自己身处在纷争、冲突的环境中,以及自己被大家遗忘从而失去了一份与人和谐共融的内心联结,让自己陷入一种孤独、与人分离的状态中。于是,9号总是以顺从一切的态度来面对所有人,同时压抑或忽略自己内心的感受,即便是自己不喜欢的人和事,也会为了维系与人和谐的关系而避免冲突并沉默不语,亦会因为害怕表达自己的需要而让人产生对自己的厌恶并离开自己而一味地跟随他人。但恰恰因为过于沉默以及不懂得表达内心的需要,让身边的人忽略自己的存在,

此时9号便会陷入一种觉得自己明明不断顺从但仍旧被人遗忘的内心苦闷中，并因此感受到，"自己失去了与他人在情感以及身体上的和谐与共融的关系"，从而陷入深层恐惧之中。

9号人格语言、身体上的沟通

● 9号的身材适中，因为他们对生活中的一切都要求以一种平衡的状态存在，所以对于自己的身体也会抱持一份平衡适中的形态。行走站立时亦会表现得温文尔雅，很少有过大的动作，并且举手投足之间也会慢条斯理，不慌不忙。坐卧时，总是很少活动，一副彻底安静的样子，并且一旦坐下就会立即找到一个舒服的姿势，然后一动不动地"懒"在那里，显得很安逸和悠闲，一直一种静态的方式身处在环境中，并总能自然而然地混在人群之中，给人一种融化在环境里、像空气一样透明的感觉。他们的着装亦会很自然、随和，舒适是第一前提，所以衣柜中多以宽松、休闲的服装为主，也会因为他们在服装上的随意和休闲感让自己无法成为环境中夺人眼目的角色。

● 9号眼神温和、平静，很少飘移，总是一副亲切的关注着他人的感觉，虽然他们在环境中很少发言，但是眼神总是能投射一种认真聆听的感觉。他们经常在脸上保持着微笑，并且总能够在你言谈举止之间以轻微的点头等来回应你，让你感觉温暖，并相信，就算环境中的其他人

都对你的话没兴趣,也一定会有一个忠实听众(观众)支持着你,这就是9号。但需要注意,9号的点头以及微笑,并不一定代表真的认可你,他们有些时候只是附和着你的表现而已,当他们不认可你的表达时,会以点头的次数降低、幅度减少以及微笑稍显平和的方式来表现,但仍旧会是一副亲切、温和的样子,这一点要留意觉察才可以。在他们开心的时候面部表情没什么变化,还是微笑、和蔼;不开心的时候也只不过是微笑没有转以温和、和蔼的状态示人。给人一种心静如水,无论如何也点不着火焰的平和感觉。另外,9号的眼神也会出现偶尔的走神状态,但他们的走神就是因为觉得头脑累了需要休息,而以头脑空白的方式休息一下。这给人一种"待在"那里的感觉。

● 9号在说话时,声音平和、温柔,语调委婉,很少出现抑扬顿挫的激情状况,大多时候都是婉婉道来、慢条斯理的感觉。开心的时候语言中融入一些笑声,但也绝不是那种开怀大笑的状态,只是轻描淡写地一笔带过;伤心时也只不过是表现得很平静而已,绝不会情绪激动或爆发出来。也正是因为这样一种始终平和的状态,总给人一种与世无争的和谐感觉。在他们表达想法的时候,也容易因为过于关注对方的反应而使表现的意图不明确,再加上9号很难区分主次和优先顺序的特质,致使他们的言语很零散,给人一种缺乏焦点或中心思想的感觉。同时,9号的娓娓道来,很容易让人在他们不分主次的谈话中失去耐性。

压力及低能量状态下的感觉变化

9号的压力主要来源于感受到环境中的负面情绪,特别是当他们自己经历纷争或面对他人冲突的时候,内心就会产生一种极为不自在的感觉,但此时又不愿意离开环境(关注自己存在于当下的内驱力导致),然而内心又体验着一种被煎熬的感觉。于是这时候,就会转而更加关注他人的想法和表现,总会担心在未来的生活中还会出现类似的情况,并处处小心谨慎,试探行事,同时更加以他人的需要和喜好为先,不顾一切地满足和跟随他人的要求和行为，甚至给人一种唯唯诺诺、过分服从的软弱感，亦会因此让自己更加失去对内心想法和需要的表达和追求，让人觉得没有主见。给人一种太过于隐藏自己，并以趋炎附势的态度来逃避冲突、矛盾，同时陷入一种不分主次和轻重缓急的迷茫感觉之中。

轻松及高能量状态下的感觉变化

9号在轻松状态下，会懂得勇敢地面对自己内心的情感以及需要，并能够有勇气地表达自己真实的想法，虽然行动力仍旧会保持一种不紧不慢的状态，但主动地表达想法以及争取认同的态度就已经足够得到身边人的重视，再加上9号一直给人传递的一种与世无争的感觉，让他们在表达自己的需要时，能够很容易得到身边人在精神和行动上的支持和帮助。另外，对于他人的要求也会懂得拒绝，这也是9号开始真正关注自己并把自己的事情排在优先位置的缘故；亦会因此让自己在生活中冷静地、有逻辑地梳理事情，按照轻重缓急排列先后次序，并按顺序完成。真正享受在条理清晰、井井有条的生活和谐状态。同时，9号也能够应用自己平和、亲切的特质，以及敏锐的同理心，有效地帮助身边人相互理解，化解冲突和矛盾。9号给人一种处乱不惊、温文尔雅的"调和者"的感觉。

第三章 职场攻略——九种人格的职场表现与管理之道

第一节 1号上司和下属的职场特征与应对技巧

1号上司的职场特征与关注焦点

● 用明晰的职责作为标准来管理团队以及指导员工的工作行为。岗位说明书是其喜欢的管理工具，但1号并不主动设计岗位说明书，而是喜欢使用已有的岗位职责，并在实际工作中继续以自己的经验完善，但不一定以文字的方式记录或表述出来，一旦员工出现与其标准不一致的情况，则立刻用"应该"与"不应该"来教导员工。

● 对于工作的结果以及过程本身均高标准、严要求，甚至对于工作过程中的细节都有很高的要求，一定要力求尽善尽美，并要求员工不断改进、不断完善。也正是因此，员工很难从1号上司口中听到赞赏的话语，即使在结果已经得到公众认可的时候也是如此。例如：在一场四人精心策划、准备并实施的全程八小时的大型公司年度庆典结束之后，公司上下一片赞扬与感谢之声，本应部门庆祝鼓励的时候，1号的上司却在邀请大家举杯庆祝的时候（这时大家都准备听到上司鼓励的话语）致辞："这次的庆典大家辛苦了……（语气平淡）接下来我们会餐结束之后，我希望大家能够自己反思和总结一下整个庆典从策划、筹备到实施过程中出现的问题和不足，比如横幅的颜色、选择的字体等（此处省略一千字），下周一我们开专题会，把大家的总结汇总形成标准，作为下次开展相同工作的标准，力求精益求精！"

● 工作中关注用充足的证据和资料作为一切行动的基础，并喜欢用量化的分析来收集资料和证据，并以此作为观察和评判员工工作的工具。

因此，1号上司不喜欢员工的狡辩，也就是说，员工如果出现没能满足1号上司的原则和标准的情况，不用在其结果出现之后去向上司进行任何说明，此时上司会把任何理由都看作员工的狡辩。因为1号上司的理念是，今天错误的结果原本是可以预料和防范的，

为什么你在工作一开始没有考虑到，这倒可以原谅，但是在整件事情发展过程中你为什么不在遇到问题的时候及时修正自己的做法来防范，或者你可以随时在过程中找到我，我们一起解决问题，让完美结果出现。既然你没有从一开始就做好，过程中又不来找我，那么出现这样的结果就应该由你负全责，任何理由都是不成立的！并在今后严格按照我的原则和标准行事！

● 工作全程认真、严肃，很少在工作时间发现1号上司和员工开玩笑，或表现出私人关系的感觉。这是由他们黑白分明的人格特征所决定的，表现成"应该"与"不应该"的特点。对工作中的规矩和程序极为重视，包括商务礼仪、行政职位级别应该遵循的礼仪等。例如在办公室见面打招呼的方式要按照不同的级别分类处理，下属见领导称呼的规矩、上司见下属打招呼的方式、同级之间相互打招呼的方式都必须井井有条，不可错位。

有效应对 1 号上司的方法

● 任何汇报或者想法的沟通最好都以文件的方式提交,因为 1 号认为这样才够认真并且文件属于证据资料的范畴。提交工作文件时要条理清楚,格式统一,特别是不要有错字,否则内容再好也会因为错字的纰漏被驳回。最好还要注意及时提交,在这里说明一下,是及时而不是准时,即便你与上司约定了提交文件的时间,你也最好提早上交,因为无论怎样 1 号上司都会挑出错误或不足,如果在约定的时间提交,上司会认为,你在规定时间应该把所有细节都做到完美,为何还是有错误,只能说明你不认真或者没有按照我的标准进行。而及时提交也就是提早上交,比如上午安排的事情下午下班之前就提交,这样即便文件中有错误,1 号上司也不会感觉你犯错,反而会觉得你的反应迅速,态度良好,并主动地与你一起休整错误。

● 对于工作中出现的错误(有些时候只是没有满足 1 号上司无形的标准和原则)要勇于承认,不要解释任何理由,配合上面的文件行为方式,主动承认,可以给上司一个主动修正以及改善自己工作业绩的良好态度的感觉。(当然是采用 1 号上司的标准和原则来修正和改善自己。)

● 如果对工作方法提出意见,你一定要有十足的把握确定自己的提议比原本的工作方法要好(原本的工作方法就是 1 号上司的原则和标准),否则即便 1 号上司暂时同意你的意见,也会在实际开展工作的过程中要求你不断修正,直到再次回到原有的工作方法上。与此同时,注意提建议时的沟通方法是很重要的,总原则是,以邀请他给你的方法提意见的方式来向他提出意见,如:"我有一个想法(这想法实际上是对他的意见)请您从另一个角度给提一些修正的意见。"此时,1 号上司的修正其实就是在修正自己了,因为他始终都是要采取和执行你的意见的,也可以说你的意见丰富和完善了他原本的标准和原则。

● 只要在有 1 号上司出现的场合,无论是工作时间还是工作时间以外,你的行为处事都要认真、谨慎、中规中矩,因为 1 号上司在任何时候都在评判着你的表现。所以保持一致的行为风格并保持礼仪（至少在1号上司面前）是极为重要的。同时你对1号上司赞赏的言语或行为要谨慎，或者干脆避免，因为他们自己都很少嘉许自己，总认为一切还可以更好，所以他们会把你甚至是真心的赞赏都解读为阿谀奉承。他们虽然很少表扬，但其内心以"为了大家更好"为出发点的，因此不要误会其冰冷的外表，要理会到他的教导甚至批评是希望你能够不断完善。

1号下属的职场特点与关注焦点

● 1号下属在工作中非常勤奋，且责任感极强，特别是对于工作说明书未涉及的本职工作以内的职责都会主动承担并主动写进说明书中。只要是在职场中出现的规则甚至潜规则，他们都会自觉遵守，并以此来定义自己行为中的"应该"与"不应该"。

● 1号下属爱针对原本没有明确说明的工作方法进行争执，特别是当自己采取的工作方法确实出现了积极的结果时，他们更会强调自己的方法的完美，要注意，此时他们所争执的焦点实际上是工作的方法而不是结果（效果）。因此，如果你继续和他讨论与方法有关的话题，那就陷入了无休止的方法辩论旋涡里了。久而久之，1号下属会因为你是他的上司，而处于商务礼仪（应该尊重上司）的原因不再争执，但他同时得出你就是在能力、思维等方面不如自己的结论（要注意他们甚至真的会去进行背景调查）。一旦得出这个结论，1号下属的工作热情就会直落，其焦点就只在工作说明书中的职责范围了，但其业绩仍旧会保持在100分的水平，只是原有的热情不复存在了。

● 如果说1号上司不喜欢员工在犯错时狡辩的话，1号下属则会主动承认错误，然后产生一份自责和内疚的情绪，认为自己没能符合职位的标准，违反了自己事事力求完美的原则。此时要及时处理他们的情绪，帮助他们修正问题，因为这样相当于帮助他们完善自己成就完美，也是激励他们的有效手段。

有效应对1号下属的方法

● 1号下属本身的工作素质就会完全胜任职位的要求，而他们自己对此还不满意，总是会主动地参加培训和学习来提高自己的业务能力和水平，因此在工作要求上，只需要向他们说明工作的大致方向以及工作的重要意义就足够了，他们会自己制定工作方法和考核标准，并按照这些标准和行为原则一丝不苟地完成。

● 在工作中要为他们安排适当的轻松时刻，比如卡拉OK、团体郊游，哪怕是一封周末慰问邮件，都会让他们紧张的神经得以放松，从而让他们产生一种被组织认同的感觉。另外，要经常嘉许他们勤奋、认真工作，注意，是嘉许他们的工作表现而不是工作结果，因为工作结果再优秀，他们也会认为这是我应该做的，并不会对你针对结果的嘉许反应很大，但是对于工作表现的嘉许，他们会非常欣慰，因为这相当于你关注到了他们的工作状态。也就是他们的原则和标准被认可了。1号下属也会因此不断增强更好工作的信心。

● 在布置工作时，不要用暗示的方式而采取直接明确的方式告诉他工作开展过程中可能存在的变化，这样就相当于让1号下属把过程变化也看作工作过程本身，并能够在发生变化时应对自如，从而有效防止了改变1号认为原本已完美进行的工作（事情没有按照自己的原则和标准发生）而产生的焦虑和怨愤。

● 因为1号总是有不断改善自己的主动性，因此，为他们安排培训或者进修是非常有效的激励他们的方法，并且企业也真的会因为他们的成长而收获组织绩效的提升。只是在为他们安排培训时要多安排提升他们的灵活性、创新性和接受性的内容，如情商类课程、情绪压力管理课程以及应用心理学中与沟通和人际关系处理技术有关的内容。因为他们在业务方面始终会自主提高的，但在为人处世的软技能方面则有所欠缺，所以企业帮助1号下属发展自己在人格方面的完整性是有效为1号下属设计培训的关键。

第二节 2号上司和下属的职场特征与应对技巧

2号上司的职场特征与工作关注焦点

● 2号人格的上司亲切友善，非常注重工作过程中人与人相处的氛围，总是能够关注到下属的内心感受以及迫切的需求，并给予及时的关怀和帮助。对于下属的培养，习惯于亲身教导，以身体力行、亲自示范的方式，言传身教地帮助指导下属工作。往往每次的教导都演变成亲力亲为，但其仍旧在下一次的教导中亲力亲为，因为每一次2号上司总能收获下属的感激，这感激就成为他继续亲力亲为的驱动力。虽然办公室一团和气，而且下属总是感激并忠诚于2号上司，但其实2号上司的培养并没有真正帮助员工成长，且容易使最后全部工作都变成亲力亲为。

● 2号人格的上司在管理工作中的理念是绝对的"以人为本"，时刻关注下属乃至整个组织的人文环境，对于下属的失误2号上司总是很能理解其苦衷，甚至帮助员工寻找理由，并主动采取行动（亲力亲为）帮助员工解决问题。比如员工早上迟到了，正在琢磨如何向2号领导解释，没想到2号领导主动走过来拍拍员工的肩膀，以安慰的口吻说："早上交通很堵吧，昨晚回家不是加班就是陪女朋友逛街看电影太晚了。工作辛苦，确实要多拿出一点时间来与家人相处,今后晚上如果陪女友太晚第二天早上就多休息一下,到时候发个短信给我就行了。不要让自己太辛苦,身体重要。我会帮你处理事情的。"员工除了感激还是感激,并以此为动力,忠心耿耿地为2号领导服务。2号领导以人为本的反思还体现在喜欢员工找他倾诉,非常关注员工的身心状况,在工作中他会主动留意员工的情绪反应,并时刻觉察员工是否正在经历情感困扰或情绪影响,主动找员工沟通,帮助他们处理压力、宣泄情绪。有些时候,2号上司一天的工作时间都在与员工进行沟通,帮助他们宣泄情绪。

● 2号上司注重工作中的人际关系处理,在2号上司追求良好人际关系同时,他们亦要求员工注重建立并维护良好的人际关系。2号上司总以极大的包容心来允许自己的员工出现失误,并把帮助员工解决失误(注意不是改善他们)作为自己成就感的来源,进而加强包容心。2号上司对人际关系的关注以及极强的包容心,让他们总是着力在企业中构建一种"家"一样的人际关系。但此时2号上司容易陷入"家"所带来的压力中。因为真正的家是不会因为家庭成员犯错而淘汰他们的,但企业永远存在生存的底线,如果2号领导自己也把企业按照家庭的方式来经营,那么最后不但没有人被淘汰,而且所有人的任务全部都以领导亲力亲为的方式来完成。2号上司此时就会是一种救火队员的感觉。

有效应对2号上司的方法

● 在2号上司的领导下,一定要把工作当成自己的事业或产业努力勤奋付出,因为2号上司内心当中把企业视同为"家",所以,他希望员工不仅在人际关系相处上像家人,处理工作也要像处理自家事业一样认真、上心。同时,与2号上司相处切忌口是心非,因为他们对内心情感的敏感觉察一定会感受到你内心的真实意图,因此,坦诚地与他相处不但能够始终与他维系良好的人际关系,还可以满足2号上司构建"家"环境的内在渴望(家人不需要虚假的奉承)。

● 2号上司本身阶级观念很淡薄,对企业中的所有人都会以包容之心关爱和支持。因此，在2号上司的管理下，不仅要对2号上司和善温和，对企业中的所有人都要像亲人般友善、亲切。因为2号上司关注的不仅是自己团队的良好氛围，他们更加关注整个企业的人际关系都要良好。只有你在所有人面前均是以友善、亲切的方式相处的时候，2号上司才会认可你的为人，并认为你是真诚的。

● 在向2号上司汇报工作或者提出新计划时，一定要收集工作过程以及结果对相关人员带来的影响情况，包括工作过程和结果对客户以及开展工作的员工和相关部门的员工，也就是说与工作有关的所有人的层面2号上司都会关注。因此，你所汇报的工作内容或计划一定要包含人的情况因素，不然2号上司会认为你没有考虑周全。同时在汇报的过程中或在会议时，无论你是汇报者还是在听2号上司布置工作，你都要以专注的眼神以及微笑来注视他，并在他以眼神向你索求回应时，以点头的方式迅速回应他，这样才会给2号上司被关注的感觉。毕竟2号人格内心的渴望是被关注和被爱。

2号下属的职场特征与关注焦点

● 2号人格的下属在工作中总是勤奋并主动帮助身边的其他人，甚至牺牲自己的工作时间来帮助他人。同时2号下属会为完成工作付出很多额外的努力，包括处理和维护各方人际关系等，因此他们希望身边的人特别是领导能够关注到他们在开展工作过程中所付出的一切，特别是那些额外的部分（2号下属会把自己在企业中所做的一切都看作为了工作的必需付出，如每天打扫卫生和帮人冲咖啡）。上司的一句"辛苦了""注意休息""感谢你为团队做的贡献"，就会传递给2号下属被关注的感觉。同时，如果2号下属的加班是因为在工作时间帮助他人处理工作造成的，那么，上司一定要在下班时，让那个被帮助的人留下来，让他感谢2号下属的帮助，这样，2号下属才会真正感受到被关注和尊重。当2号下属得到被关注的感觉时，就会更加忠诚并加强为企业或团队牺牲的精神。

但是当他们的贡献没有得到及时的回应时，就会产生一种被冷落的感觉，导致他们对团队以及工作的热情下降（触及了他们的"自己的贡献可有可无"的无价值感）。

● 2号下属在开展工作时比较注重或者说是喜欢与人相处，并不惜在工作时间来维护与人亲切、友善的人际关系。他们非常留意身边同事眉宇之间的变化，一旦发现他们眉头紧锁或面露难色，就会主动地走过去给予关怀或直接帮助他们完成工作，待其情绪消散或工作问题解决之后才会回到自己的工作中来。在与人接触的过程中，2号下属喜欢用真诚的方式赞赏同事和上司，同样，他们也希望得到身边人真诚的回应（当然，这回应最好都是赞赏和鼓励的）。

● 2号下属在工作中总是尽心尽力地完成任务，与此同时，他们还会支持同事甚至是跨部门的同事完成任务，有一种为了帮助企业以及同事不断拼搏的精神，并因此忽略自己，给人一种牺牲自己成全大家的感觉。同时，因为2号下属的奉献得到身边人特别是领导的感谢以及认可，他们会更加不惜付出回报这份认同，所以只要他们感受到企业对自己的需要，2号下属是不计较加班的。

有效应对2号下属的方法

● 与2号下属相处，要注意经常与他保持情感上的沟通，因为2号下属总是留意身边人的情绪、情感并主动抱以关注。所以，他们也渴望得到身边人对自己情绪、情感的关注，并且渴望与身边人倾诉。因此，保持与2号下属的情感沟通能够让他们感受到自己被关注和爱，他们会因此为企业贡献更多。在沟通的时候要注意，对于2号下属优异的工作表现要给予及时的赞赏和感激，对于他们偶尔出现的失误或表现欠佳的情况，要以鼓励的方式劝导他们专注自己应该完成的本职任务，帮助他们提升业绩。因为2号下属的表现欠佳往往是因为太过关注身边人的状态并帮助他们处理事情而占用自己工作的时间和精力造成的。因此，不断提醒2号下属关注自己的本职工作,是对他们的有效帮助,亦会因此让他们感受到被真正关注的价值感。

● 对2号下属进行工作任务布置与管理的时候,可以充分放心,分配给他们的任务、目标一定会被完成。因为2号下属本身就会因为其奉献的人格特质尽心全力地奋斗,同时又会因为这份信任感所带来的被认可、被关注、被爱的感觉而更加努力地为企业奉献,因此,你的信任的下放就等于2号下属的业绩上升。另外,在管理2号下属的时候,不要干涉他们在工作过程中与人相处甚至是过多开展人际交往的情况,要知道,这是2号下属开展工作的方式,他们并不因此觉得辛苦。你需要做的是:留意到他们是否因为人际交往占用了太多的工作时间而经常加班,此时以劝导的方式帮助他们意识到自己的本职工作,并鼓励他们首先专注自己的工作任务达成就可以了。

● 在向2号下属布置工作时,要注意一点,不要因为2号下属的牺牲精神就不顾及他的承受能力,安排过量的任务。否则他们会因为工作量不断加大而产生一种"难道我理应如此牺牲吗?"的心理抱怨,其背后是渴望休息的心理需求,但他们总是习惯压制自己的内心需要,久而久之一,且压抑的程度达到临界点,2号下属就会像火山爆发一样彻底崩溃,毫无忌讳宣泄情绪。这时会给人一种形象大逆转的不可思议的感觉。所以,从一开始就明确对其工作上的要求而不要在工作过程中不断累加,对他们是非常有效的。

● 2号下属在工作中,会把企业生活中的细节事件都看作自己的工作内容,比如帮同事冲咖啡,打扫卫生,甚至帮他人安排工作以外的行程,如主动帮领导接孩子、帮同事预约相亲等,有些时候给人一种过分热心甚至是婆婆妈妈的感觉。但领导或同事都不要以冷淡的态度回应2号下属的过度热心和关心,否则会极大地伤害他们为身边人奉献、关爱、支持的爱心,并因此陷入自己的存在没有价值的苦闷中,导致人际关系冷淡和业绩下降。

第三章 职场取胜攻略——九种人格在职场中的表现与管理之道

第三节 3号上司和下属的职场特征与应对技巧

3号上司的职场特征与工作关注焦点

● 3号上司比较关注自己形象上与所承担职位之间的匹配，其衣着总是醒目的，男性表现为光鲜且动力十足，女性表现为靓丽且充满自信。虽然3号上司对自己的形象非常关注且要求一定要满足与身份的匹配，但是他们对下属在着装上的要求则不会那么高，一方面，3号上司因为本身对效果的关注，以至于他们在管理下属时更多关注下属工作的业绩达成情况；另一方面，因为其只关注自身的形象，甚至有些时候会不喜欢在形象（主要指着装）方

面胜过自己的表现，所以他们也不会对员工的着装有太多要求。但是，3号上司会把部门整体形象看作是自己形象的延展，因此他会提出部门形象在感觉上的统一性要求。所以，只要不违反他们对部门形象统一性感觉的标准，至于具体穿什么则无须太过留意。

● 3号上司非常关注工作效率。他们并不是要求一心多用，而是追求在工作单元时间内专注于本单元的事情，速战速决并马上投入下一单

— 97 —

元。他们会将工作八小时按照单元划分，并明确安排每个单元必须完成的任务目标，然后坚决执行，因此，他们很不喜欢在单元工作时间内受到单元任务以外的事情干扰。对于下属亦要求他们能够分配好每天的工作时间，并在工作时间内完成尽可能多的单元任务。对于执行过程的关注就显得略弱一些，因为3号上司更为关注效果。同时，3号上司在管理工作中表现出极强的组织能力和办事能力，往往表现出眼观六路耳听八方的大将风范。在带领团队成员完成任务目标的同时，自己也会身先士卒，不断拼搏进取，亦因此要求员工做事时不仅要快，其过程也要漂亮（并不是对做事方法的要求，而是对过程本身在他人眼中的形象的要求。比如文件要有好看的封皮，PPT要排版吸引眼球等），当然最重要的还是结果要达成。

● 3号上司因为其八面玲珑的社交特质，在企业中总是能够收获良好的人际关系。但要注意，3号上司所建立的良好人际关系是为了能够借助他人之力来实现自己所追求的事业目标。也可以说，3号上司是一个非常懂得借力和收买人心的领导。他们会发挥自己在社交方面的能力来揣摩和分析身边人（包括下属同级其他部门的领导）关注的焦点或追求的目标，然后以优秀的口才、利用对方内心的追求来说服对方帮助自己完成目标，并会让人无法拒绝。因为3号上司的话语总是给人一种帮助他完成目标就是实现自己内心追求的感觉。并且，3号上司极富人格魅力和感染力，虽然他们在沟通过程中语速很快，但其神采飞扬的神态、敏捷睿智的思维总给人活力四射的感觉，并总是出现一种还没来得及细细反应3号上司的言语，就已经被其激情洋溢的演讲所打动，并马上开始拼搏的情况。3号上司带领团队的人亦总是在公司内部保持领先。

有效应对3号上司的方法

● 作为3号上司的下属，一定要跟上他们的思维和反应速度，做事要勤快和主动，以此不断满足3号上司对工作要求既要快又要好的标准。

要理解这份标准并不是对工作过程的限制性的规矩,你要懂得以变通的方式,创造性地解决工作过程中遇到的问题,换句话说,对于工作过程中的方法3号上司并没有绝对的要求,因此他们希望你在向其反应工作问题的时候能够主动地提出自己解决问题的方法,而不要只是将问题反映上去等待他们的建议。3号上司更喜欢支持你的解决方案,而不是直接告诉你该怎么办,因为他们不喜欢自己的单元任务时间被你所遇到的问题占用太多。

● 在与3号上司进行沟通的时候,语言一定要精准到位、简洁明了,要有自己的判断和决定,切忌模棱两可、含糊不清,或只提供各种可能性、将判断交给3号上司进行。这样的做法会让他们很不耐烦,并因此对你的工作能力产生怀疑,在3号上司看来,员工一定要具备"决策力"和"思考力",也就是说,3号上司最喜欢直接汇报问题解决结果的员工(只是员工已经用自己的方式将问题解决,并将结果汇报给领导),因为这样的员工相当于帮助3号上司节省了处理问题的时间。其次,他们反映问题并给出自己解决问题的想法,寻求领导支持(员工提出问题的同时给出解决方案,得到领导支持之后自己采取行动解决),此时3号上司只需要同意其想法就可以了,并没有因为亲力亲为而耽误或打乱自己的安排,所以,他们不会觉得员工浪费了自己的时间。员工分析各种可能,绕来绕去,结果还需要领导来判断,3号上司是没有耐心听的。

● 3号上司对员工的"忠诚"要比"能干"更为看重。因为3号本身的与人竞争之心的缘故,他们的内心始终存在一份要比身边人做得好的内在动力。同时,在3号眼中的"身边人",无论职位或层级的区别,都是自己竞争比较的对象。所以,如果你过分地强化你的工作能力或业绩,在3号上司看来,你是故意与他做PK,并且会马上给你贴上"不忠诚"的标签。同时亦会因此,在接下来的时间里集中精力与你进行PK。试想一下,3号上司与自己的下属在工作表现和业绩上进行PK,并以PK胜利作为阶段目标的时候,其结果多半是下属被PK掉。所以,与

3号上司相处，一定要在外人面前尊重他们，因为3号上司将职位头衔本身看作与自己工作能力和业绩相匹配，因此如果你没用阶级的观念来对待他们，就等同于不认可他们的工作能力和业绩，其结果就是等待他们把你PK掉。

3号下属的职场特征与关注焦点

● 3号下属在工作过程中充满活力，积极进取，有一股不断冲、不断做的拼搏精神，他们认为这才是表现自己实力并得到广泛认可的方式。3号下属办事能力极强，用执行力高都不足以形容他们的办事能力，因为他们的目标取向，导致3号下属总是主动将企业目标转化并分解成自己可以承担并实现的业绩目标，并马上行动，拼搏奋斗，且把这种对于目标的奋斗看作在为自己奋斗。时刻保持一种"即战力"（自己分解目标并立即开展行动的高效执行力）的状态。因为3号下属口才上的天分，导致他们在工作过程中极爱表现自己。这一表现对企业来说是一把双刃剑，一方面可以因为3号下属的口才以及人格魅力带动其他员工的工作积极性；另一方面，在3号下属出现失误的时候，因其口才了得而掩盖其失误和造成的损失。因此，要客观评价3号下属的自我表现。

● 3号下属因为其人格特质中目标驱动的缘故，导致他们在工作过程中一旦遇到阻碍或发生问题，不但不会因此一筹莫展，反而会增强其对自己实力的自信心，并把解决这些工作问题或阻碍当成新的工作目标，同时因为顺利地解决这些工作问题而提升对自我工作能力的评价。因此，很难在工作中感受到3号下属因为工作困难而产生的消极情绪，他们总是给人一种愈挫愈强的感觉。另外，3号下属亦会在工作中给人一种不愿认错的感觉。这一方面因为在3号下属的"工作辞典"中没有错误这个概念，他们总是把错误看作又一次展现自己创造性解决问题的实力的机会（错误就会带来工作问题或阻力，此时只会增加3号下属解决它们的信心，而不会因此产生挫败感）；另一方面，3号下属确实会在解决由自己的失误所带来的问题之后再向上级汇报结果，再加上3号下属的口才天赋，让他们在汇报的时候总是强调解决问题之后的结果以及自己是如何创造性地解决问题的方法，给人一种不是在承认错误而是在表现自己的工作能力和业绩的感觉。

● 3号下属喜欢察言观色，这也是他们自身社交天分的表现，并以领导关注的焦点作为自己当下工作的重点。这虽然可以得到领导的认可甚至博得领导的欢心，但亦会因此而忽略掉自己本职工作的重点。造成这一情况的原因，主要是3号下属太过于应用察言观色来揣摩上司的心思，比如，当他听到上司正在和某人谈论最近关注的某项工作进展（这工作可能与自己的本职工作无关），然后3号下属马上就会把上司的这份关注转化为自己目前工作的重点，并付出行动。其结果是：虽然解决了上司关注的工作，却没有完成自己的本职工作，并没有因此得到上司真正的赞赏，到头来有可能落得一个只有苦劳的结果。

有效应对3号下属的方法

● 管理3号下属，一定要在工作过程中对其出色的工作业绩给予及时的赞赏，并在公众场合公开表扬，这相当于在认可他们的业绩的同时还满足了他们与人竞争的内心渴望。同时，在公众场合对其进行表扬还是有效地帮助3号下属建立自我认可的公众形象的方法。因为3号下属总是将自我成就与形象对应起来，因此，单纯的领导赞赏只能满足其一时的成就感需要，只有帮助其建立公众认可的成功形象才能真正满足他们内心的需要，并因此会保持他们的战斗力，从而提升组织业绩。

● 在管理3号下属开展工作时，要给他们描述清晰的工作目标（强调目标以及实现目标的意义就可以了，对于方法他们总是有自己的一套），以及达成目标后明确的奖励方式和晋升通道。因为3号下属对工作目标本身的追求，总是与目标完成之后自身所理应到得报酬和职位相联结，甚至在明确任务目标的同时，就已经把目光锁定在自己的职位晋升或薪水提高上了，并以此作为奋斗目标。所以，3号下属总是一个目标连带多个目标出现并同时追逐的。因此，对于他们的激励方式要实际一些，物质方面直接采取加薪或奖金。但一段时间之后，他们就会失去对物质激励的兴趣，转而关注职位上的晋升，因为他们要求各方面的对等性（这也是3号下属对形象与实力相匹配的追求），亦把职位、薪水、奖金、公众认可都看作其工作实力的表现。因此，企业对于3号下属管理的焦点要放在阶段性满足其不同需求上，原则上的建议是，每隔八个月满足他们某一个方面的需求，把职位的晋升放在最后，但最长周期不要超过二十个月，因为3号下属是以月度为单位制定自己的发展目标的，两年是其对自己各方面提升的时间目标。

● 要定期检视3号下属在工作过程中各项任务的达成情况，因为他们总是容易阶段性地关注某一件任务，但因为其关注的焦点容易受到"察言观色"误差的影响，就是说某一阶段时间内，3号下属容易把焦点错放在领导关注的其他领域，而忽略对本职工作目标的关注，从而导致任务完成率的下降，并因此产生对自己价值评价的迷失（3号下属的离职大部分都是缘于此）。所以，定期检视他们的工作目标，并提醒他们把焦点放在真正应该关注的任务上，是保持他们高工作效率的关键，并因此能够与他们建立深厚的友谊（3号下属认为领导真正在帮助自己发挥实力达成目标）。另外，多多利用暗示性的语言或行为方式来向3号下属表达希望其改善某些行为的意图，他们的"察言观色"一定会准确地领会你的意思，否则直接地表达只会让他们产生一份自己的实力没有被认可的挫败感。

第四节 4号上司和下属的职场特征与应对技巧

4号上司的职场特征与关注焦点

● 4号上司在工作中非常注重人际关系，由于他们细腻的情感以及

渴望与身边人建立一份深刻的情感联结的内在动力，4号上司会经常留意下属与自己相处的状态，并因此很能够理解下属的情绪、情感。但他们并不会因为能够很好地理解下属在情绪、情感方面的感受而给予及时的关怀和帮助，大多时候，4号上司只是理解下属而已，因为他们自己早已经陷入体会由下属的情绪、情感所带来的自我人生经历的想象或感受中了。所以4号上司可以是一位"倾诉"的好伙伴，但最好不要指望他们给予自己有效的帮助或建议，因为他们自己还无法很快地从你的感受中抽离出来。同时，加上他们在语言表达方面总是出现"混乱"的情况，你有可能在听他建议的时候产生一种"摸不着头脑"的感觉。但4号上司绝对会是工作和生活中的好朋友，这也是因为他们本身就把同事看作朋友的工作态度决定的，他们还希望与朋友建立深刻的、亲密的情感联结。所以，4号上司往往男性给人一种"知音"般的感觉，女性给人一种"闺密"般的感觉。

● 4号上司由于在工作中经常与下属成为亲密的朋友，因此总是很难分清楚工作与工作以外的关系和时间上的区别，甚至出现本末倒置的情况，也就是说，在上班的时间里，4号上司总是和下属交流一些生活经历，下班之后却经常利用聚餐或逛街等时间和下属一起交流工作情况。给人一种为人处世过于情绪化的感觉。同时，由于4号总是对身边一切事物（包括人）充满情绪、情感上的感觉，并经常陷入体会内心的感受状态中，这就加重了他们在工作中情绪化的感觉。另外，4号在交流沟通时"不屑解释"的态度，总给人一种不太在乎他人感受的感觉。此处注意，虽然他们极具同理心，并喜欢与同事成为朋友，但这并不意味着他们能够体贴、关爱下属，他们的同理心是内在渴望与人建立深刻情感联结的动力驱使的，这份内在渴望本身就是关注自己感受的表现。同时，由此所产生的同理心对于4号来说，也是为了能够让自己体会丰富的情绪并展开想象来感悟人生。所以他们一方面理解下属，另一方面又表现得只关心自己。这状态又进一步加深他们给人情绪变化无常的感觉。

● 4号上司对工作的态度也像他们对情感、情绪要求一样感觉非常细腻。一方面4号上司对于通过工作所带来的个人在名利物欲方面的收获非常注重，另一方面又关注工作过程本身，包括工作中的人际关系情况、工作中各职位人员的工作表现、团队总体表现、职员在工作中的情绪变化等。同时，由于4号情绪化的缘故，导致这一类型人格的上司很难清晰、系统地关注或管理工作效率和质量的情况。也就是说，4号上司把通过工作所带来的个人在名利物欲方面的收获看作工作效率（内心的要求是越快完成、越多完成越好，这样就可以收获更多物质财富），把工作过程本身视同工作质量（内心的要求是细腻地构建深刻的人际关系，并有时候为了某个工作环节不惜让整个部门占用大量的时间来完善），他们对于效率与质量的关注并不是以追求二者的平衡为目标的，而是一会儿追求效率，一会儿强调质量，如此一来便让下属难以捉摸4号上司的工作要求，给人一种工作方向飘忽不定的感觉。

有效应对4号上司的方法

● 对待4号的上司要时刻明白，他们的情绪化，甚至是极端的情绪反应，并不是针对你或者是你的失误而进行的批评。他们的情绪反应很难捉摸，就算是当众对你大发雷霆也并不是因为你做错了什么，或对他做了什么。你要清楚一点，"他们的情绪反应甚至是对自己的情绪宣泄发生了，一定有他们发生的理由，但这份理由我未必能够知道，我也不需要知道"。继续把焦点专注在自己应做的事情上，不要陷入他们的情绪里面去，因为4号上司此时虽然在表达情绪，但他们仍旧会继续关注你在工作业绩上的表现，所以你出色完成工作是对峙他们情绪化的最好方法。当然，此时还要配合一些情感交流的话语，比如"我知道您那天生气一定是经历了什么事情破坏了心情，我能理解。所以我尽快把工作完成，以免让您因为分心处理工作而无暇顾及那些事"。这样的话语能够让4号上司收获一份自己被理解的细腻的感受，并会因此更加觉得下属是知己。但你要做好他们更加对你肆无忌惮的准备（既然是知己，就会懂得我发脾气的缘由）。

● 与4号上司共事时要时刻保持自己的中立身份，因为他们会构建一份亲密朋友式的关系，并以这份关系认为你一定会支持他的所有决定和想法，因为你是朋友并会理解他想法或决定背后的意思。所以，在工作时间保持中立的态度是确保这份朋友关系的关键，否则便会陷入分不清工作与私交的复杂局面中。但是当你要对他的想法或决定提出意见时也要等待他情绪平静的时候，同时还要注意沟通的方式。要以客观、冷静的态度帮助4号上司分析各种可能的情况，并且时刻插入情感交流的话语，比如"我能理解您这个想法背后的意思是为了……"，让他感受到你确实是理解他们的，真是那种能够给他们客观建议的真朋友，亦因此让4号上司理解你的想法并支持你的决定。他们一天当中有一些固定的情绪平静的时段，早上开始上班到上班后半小时的时间内；下午开始上班到上班后半小时的时间内；晚上临近下班之前的十五分钟内。同时，因为4号上司容易在潜意识里颠倒工作与休息时间，所以下班后约他们晚餐或逛街等休闲时段，亦是最好的沟通工作的时间。

● 如果必须在上班时间内与4号上司讨论工作，那么首先要留意他的情绪状况，观察他是否正处在心情低落的状态中，如果是，那么就要首先针对他的情绪进行情感上的交流，以知音般的感觉来安抚他们低落的心情，了解他们低落心情背后所经历的事件是什么，针对这些事件给出客观的、冷静的分析以及建议，让他们先因此产生一份被怜爱、被理解的感觉，并把你视作知心朋友。此时他们便会集中精力聆听你在工作上的想法，并积极主动地支持你、帮助你完成工作（他们此时内心的想法是，既然你是真朋友，并给我这么多建议和支持，那么我也要帮你完成你的事情）。这样做虽然有时候会耽误一些工作时间，但你要清楚，在4号上司眼中，工作与私事在办公时间没什么分别，他们会根据自己的心境来区分事情的属性。因此，不要虚伪地关心他们，简单的一句"我理解您"并不会给他们好感，只有真的帮助他们处理情绪、解决事件才能够得到他们的信任，并因此全面支持你的工作。

4号下属的职场特征与工作关注焦点

● 4号下属在工作中非常注重体现或标榜个人的工作风格，对于工作过程细节的处理非常精心，并把这些细腻的处理环节看作自己工作风格与众不同的表现，但往往有些时候过于关注某些细枝末节，从而导致工作时间过长，因为4号下属对于工作结果亦很看重。同时，他们把追求细节与结果并不惜时间的表现看作自己"真性情"的流露。于是，当他们用过多的时间纠结于细节与结果的平衡中时，一方面享受这份内心纠结的感觉（在4号看来，这也是一种不可或缺的情绪体验），一方面以此作为自己独特的工作气质来获得身边人的另眼相看（有些时候可能是"厌烦"的态度）。给人一种反复"推敲"某个细节的"纠结"感。

● 4号下属在开展工作的过程中，一方面追求对过程中每个细节的细腻化处理，另一方面又关注工作效率上的提高。这导致他们一会儿沉浸在某些细节的反复琢磨与完善，并以此表现自己与众不同的工作表现上，一会儿又风风火火地追求单位时间内的任务目标达成率，给人一种工作方向飘忽不定的感觉。但4号反而以给人的这种飘忽不定的感觉来标榜自己独特的工作风格，同时再加上不屑与他人解释或表达内在情绪或与众不同的特质的原因，更加重了这份无言的、"飘忽不定"的与众不同，甚至有些时候给人一种完全享受这份"飘忽不定"的感觉。

● 4号下属非常注重在工作过程中的人际关系，因为他们渴望与人建立深刻的情感联结的内在动力以及敏感而细腻的体察情绪和情感的特质，导致他们对于人际关系的把握也能够细致入微，并把这份细致入微的感觉表现为努力构建同事等于朋友的行动中。当他们认为与某人的关系非常要好、像朋友一样的时候，就会在工作和情绪、情感的各个方面无微不至地关注和支持对方（但大多时候焦点都集中在关注对方的情绪方面），但他们如果认为你并不是自己的朋友，就会对你不屑一顾，以冷淡的方式处理与你的关系，当你不理解他们为何会对同样为同事关系的两人有如此判若两人的表现时，他们也不会对你进行解释，反而会更加对你不屑一顾，因为他们会因此认为你根本不懂得他，再加上他们在言语上的不屑表达的特质，给人一种关系处理或对待要么"热情似火"，要么"冷若冰霜"的极端感觉。

有效应对4号下属的方法

● 管理4号下属，要懂得关注他们独特的创意，并感谢他们细心、细腻的对工作细节或小事上的处理（比如阿丽的动画片事件）。这不仅代表了你留意并理解他，同时亦向他传递了一份欣赏他的创意、明白他的与众不同以及尊重他的精心付出的感情。4号下属会因此觉得你非常懂得欣赏自己，并会把你看作知音般的朋友，他们也会因为这份非常亲密的关系而更加细致地配合你的工作。同时，对他们的感谢以及欣赏也是最有效的激励他们的方式，虽然他们对物质也很看重，但相比较而言，他们更为关注与同事、上司的关系，并且只看重那些亲密的关系，因此，对他们的欣赏和理解，能够非常好地推动他们努力地工作，在安排工作的时候更要懂得沟通的方式，首先要与他们进行情感上的沟通，如"亲爱的（他们比较喜欢用这类亲昵性的称呼），最近你可能要辛苦一些（先表述他要经历的情感），咱们要一起把这项任务赶工完成，我知道你对自己要求很高，所以在过程中遇到问题千万不要自己扛，咱们一起解决（又表示了对他的关爱），结束后咱们好好庆祝以此来安慰我们的辛苦（再次明确对他辛苦付出的感谢）！"。切忌生硬地安排工作任务以及强硬地要求他一定要做到何种程度。他们会因此认为你不理解他，不懂得他，是与他关系非常不好的人，并由此调用不屑一顾的内在特质来对待你，表现得我行我素。

● 在管理4号下属开展工作的过程中，不要因为他们的"走神"或者一会儿东、一会儿西的方向飘忽而时刻关注他们的做事过程，你要懂得，他们的走神往往是在思考自己究竟是先处理细节还是先追求效率；方向飘忽正是在实验自己刚刚的思考和决定，这也是他们做事的独特方式。因此，你过分关注他们的工作过程，只会让他们产生一种被监视、不被信任的感觉，同时由于他们本身就容易走神，所以你的关注只会让他们更加分心，并产生对你在人际关系上的负面评价，我行我素的感觉就会更加强烈甚至转为冷淡的感觉。所以，如果你能够关注他们在情绪、情感上的状态，并以关注情绪的方式与他们进行沟通，会更有效地帮助他们集中精力处理事情，并会满足他们内心对与人建立深刻情感的需求、工作业绩也会因此得到提高。

● 当4号下属工作有失水准时（在他们看来自己没有失误，这也是他们自认天生与众不同的态度导致的"自负感"，只是因方向飘忽失去水准），要首先与他沟通，并把沟通的焦点放在了解导致他们失准的事情或原因上，先处理他们的情绪，以及营造一个与他们是知音关系的良好氛围，让他们处在这种亲密关系的积极情绪状态中，然后再和他们以讨论的方式来探索提升他们工作水准的方法。要懂得因为4号不认为自己存在失误，只会认为偶尔有失水准，因此你的建议实际上并不是为了改善他们，他们也不屑于你的改善感觉的建议（因为他们总是与众不同），于是与他们一起探索提升工作水准的感觉才是有效地建议和改善他们的方法，这种沟通感觉正好满足了4号用一生探索"生命中缺失一角"的本质需要。另外，当4号下属是因为情绪原因导致的工作"失准"时你就要待其自行将情绪宣泄之后再与他共同探索提升水准的方法，否则即便是你与他先沟通情绪再处理工作的沟通方式，也会让他感觉你是不理解他的，甚至对你产生一种"你是有所目的地与自己进行情感沟通的虚假之人"的评价（他们在工作中渴望"真性情"的流露）。

第五节 5号上司和下属的职场特征与应对技巧

5号上司的职场特征与关注焦点

● 5号上司平实朴素，由于他们"情感薄弱"的特质，总给人一种外表冷漠的感觉，很少能够经历5号上司情绪爆发或情感波动的时候。

他们对于工作职责以及不同级别所对应的责权利划分得很清晰,并且喜欢根据这些划分系统安排任务和组织管理。在他们的意识里,一旦分配给下属的工作,下属就一定要独立处理,遇到问题也要独立解决,因为这是早已分配好的,并且一定要按照职责授权的本分行事。另外,5号上司自己也是按照本分开展工作的,他们已经按照这些本分预料了自己要处理和面对的情况,所以你的问题不但要自己面对,而且即便你想去和他沟通,他也会觉得是破坏他的预料,并让他身处束手无策的状态。同时,他们自己也需要更多独立的空间来安静地思考和处理自己的工作。

● 5号上司不喜欢当面的沟通,即便在工作上遇到问题需要交流的时候,也是如此。因为他们不愿意面对当面沟通时的情绪、情感,再加上5号本身"少言寡语"的特质,他们在管理工作中很少以面谈的形式进行交流。任何事情的沟通都喜欢以文字的方式表达,比如QQ、MSN、电子邮件等所有虚拟沟通的工具是他们最喜欢采取的工作沟通手段。你也会发现,他们确实在应用文字沟通的方面比当面言语沟通要条理清晰,意图明确。5号上司在沟通上的特点,让他们很少与职员产生亲切的人际关系,或者说他们很少与职员"打成一片",因为过为亲密的关系不利于他们冷静、客观的态度,亦会破坏他们对人际关系简洁、清晰的划分。一般来说,在办公室的环境中,只有固定的几个时间可以见到5号上司,早晨上班、中午午餐、晚上下班,当然还有中间去洗手间的时候,其他大部分时间都是独自在办公室中通过各种非面谈的沟通工具处理事务。另外,5号上司因为不善于处理办公室政治,所以干脆拒绝它,亦因此有可能拒绝了工作中的人际交往。对于下属他们也要求不要在办公室太过于亲密,他们担心因为你的人际关系过于复杂而让他的团队面对办公室政治的复杂情况。

● 在工作中,5号上司关注达成共识的效果,无论是下属出现工作问题还是他们自己遇到问题,都会以全体会议的方式针对问题进行讨论,然后结合大家的讨论再独自进行分析,将分析的结果再次拿出来集体讨论，达成团队的共识，并以此作为对峙问题的最终决定。他们在讨论和分析的时候，比较惯用图表的方式来系统地表达思路或想法，亦会同样要求下属在提交文件或汇报工作的时候多多利用图表表示。他们对"简洁、清晰"的追求让他们认为"一幅图胜似万语千言"。但由于他们一旦遇到问题就要以团体会议的方式讨论、最终以共识的局面做出决定的管理方式，有可能造成团队整体效率降低的情况，这也是5号上司强调要按本分完成各自工作并独立处理各种情况的原因。

有效应对5号上司的方法

● 与5号上司相处要懂得，一旦接到工作安排，便要独立处理，这里的独立处理不是指完全独立操作，而是自己独立调动职责授权内的资源以及团队，以独自担纲的方式来完成本职工作。除非是自己的职责授权以外的情况，否则尽量不要以当面交流的方式与5号上司沟通，一方面这会让他们产生措手不及的感觉，另一方面也会觉得你过多地占用了他独自处理工作的时间。所以，最好的做法是，在他们安排工作的同时就把你不明白的事情提出来，并且直截了当、简明扼要地表达你的不清楚，并提出讨论的要求（注意，你提出的是讨论的要求而不是让他做结论的要求），这样你才会收获最有效的工作指导。如果是工作过程中遇到问题需要沟通，那么先采取邮件的方式描述事件，并在邮件中约定需要与他面谈的时间（一般预留1个小时以上的时间为宜，以此给5号上司思考和准备与你当面沟通的时间），得到他的回复确认后，再在约定的时间与他进行讨论。

● 在与5号上司相处时，不要被他们冷漠的外表所吓倒，更不要误认为他们的冷漠是在针对你或是在向你表达他们的不满。慢慢地你会发现，他们对工作环境中的任何人都是这个样子，因为5号上司会把同事、朋友、亲人、老师等分得非常清楚，这也是他们人格本质中将身边人分门别类，并根据类别分而治之，以此保持自己清晰、客观冷静的态度所造成的。于是，你是他的同事，就不太可能受到朋友般的对待，当然，他们对于朋友也不会在情绪、情感上表现得过分热情，只是沟通话题的不同而已。所以，你千万不要认为他会像朋友一样支持和理解你的每一个想法，他们对于你的理解和支持，都源自你能够客观、冷静地以文字化的结合图表的分析来表达工作意图。把精力更多地放在如何更好地收集资料，并对工作进行多方面的分析，以确保自己在5号上司的团体讨论中得到共识，才是表现自己工作实力的关键。

● 在和5号上司针对工作进行讨论的时候，最好都以部门会议的方式进行，因为他们会把任何一个人的问题都看作部门问题，这是他们系统化思维的特质造成的，并且他们强调共识的态度，也需要以部门会议的方式开展讨论活动。在与他进行会议预约时，一定要提交充足的会议资料，并给他留出充足的时间来分析你所提交的资料，同时他们也需要充足的时间来准备你所发起的会议。另外，你还向他们明确表达开会的目的、需要讨论的内容以及最终要达成怎样的预期结果和会议所需的时间。这些都是你在预约文件中需要体现的。在会议过程中，切记不要东拉西扯，一定要直奔主题、要言洁语，完全按照你在预约时明确的内容进行，因为他们对系统、条理的要求会非常厌烦你的"跑题"，亦会因此觉得你是没有准备好的，甚至对你产生负面的工作评价。最后，在与5号上司进行讨论时还要注意不要过分追问他的决定，要给他们时间来对你的表达进行反应，甚至他们需要会议结束后把会议讨论的内容系统地整理出来，独自慢慢思考和分析，然后再次进行针对他们决定的讨论，最终以共识的方式得出决议。所以你要懂得适应他们的节奏，等待他们按照自己的系统过程完成决定。

5号下属的职场特征与关注焦点

● 5号下属在工作中比较关注"做事情"，很少用言语进行表达或沟通，总是默默地、勤奋地工作，即便是工作结果已经表明的时候，他们也很少表现出为之兴奋的样子，仍旧是继续默默地做着事情，当有他人赞赏的时候，他们也只是微笑了之而已。他们在工作中的每一个行为或者决定都会经过深思熟虑的分析，并多方印证之后才会付诸行动。因此他们很少给自己放假，特别是在精神上，因为他们在工作时间内不足以让他们完成分析和思考的工作，如果工作要求他们在工作时间内投入大量行动的话，他们就一定会利用工作以外的时间收集资料、研究并多方印证，以确保在八小时内的行动效率。

● 5号下属一定会按照职责以及职位层级的本分开展工作，不会出现越级工作的情况。同时，他们的工作处理也总是能够恰如其分，这主要体现在他们在办公环境中处理人际关系方面，因为他们将工作与生活分得非常清楚，因此对于朋友和同事的判定简洁、清晰。工作时认识的人一律称为同事，绝不会和他们交流工作以外的任何事情，包括工作环境中的人际关系话题也不谈论。5号下属只会谈论与本职工作的任务本身有关的事情，因此也不会陷入复杂的办公室政治中。另外，5号下属喜欢在工作中以被动的方式接受工作任务，注意：这里指的是他们很少主动地要求承担新的任务，对于原本就已经承担或正在开展的事情，他们绝不推脱，这也是他们本分的表现。但即便他们能够以被动的方式接受新任务，也会非常关注新任务出现的时间，他们对于突发事件反应很不自然，会出现束手无策的窘然情况，亦会因此给人一种"不自在"的感觉。这份不自在的感觉，也表现在他们在人际关系中不圆滑，因为他们认为这不是自己工作上的本分。

● 5号下属在工作中非常注重系统性和条理性，总以系统的思考将工作进行体系化、标准化的构建，再应用这些工作系统来便捷有效地开展日常工作。特别是对于那些需要发挥很强的技术性来完成的工作，5号总能很好地胜任，这也是他们喜欢钻研的特质所造成的。他们在工作中所提交的报告或文件系统缜密，逻辑清晰，理论扎实，简明扼要，绝没有多余的描述，但在他们的报告中很少会出现结论性的表述，往往都是各种分析客观地描述各种可能，最后仍旧对结论提出各种可能，以供领导参考，做出决定。

有效应对 5 号下属的方法

● 管理 5 号下属要注意，在布置工作任务的时候一定要在一开始就明确工作的方向，为其订立具体的工作目标，否则，他们会因为对工作过程中任何一个细微的变化产生研究兴趣而迷失工作方向。一旦你为 5 号下属确立目标之后，就可以放心、放手地让他们去开展，因为他们独立思考和分析的习惯以及任劳任怨的工作风格，一定会确保工作目标的达成，且不会出现工作误差。你要留意的是，在安排工作时，要制定好预期工作检查点，并真的在检查点日期的时候督促他们的工作进展，除此以外的时间不要过多关注他们，因为这会破坏他们需要独自空间思考并处理工作的状态。在需要对他们的工作提出改善建议的时候，切忌情绪化的表达，一切要以冷静、客观的态度，以条理性、系统化的沟通方式来向他们表达，最好事先以文字化的方式通过邮件传递给他，让他们先对需要改善的工作内容有一个自我学习和消化的过程，然后再以面谈的方式进行沟通，效果会比较好。

● 在管理 5 号下属时，不妨多给一些机会让他们发表对工作整体的系统化、条理化的建议，因为他们平日里真的会对整体工作进行系统化的思考和研究，并认真整理这些研究成果，以此作为自己今后工作的资料，这些资料对于部门整体工作的标准化会有非常深远的影响，甚至会因此提高部门的工作效率，不妨让他们将这些资料分享出来。因为他们系统缜密、认真冷静的思维和客观的观察特质，让他们总是能够留意到部门工作中存在的各种可能，让他们发表对整体工作的意见，能够有效帮助全体职员留意到自己工作中忽略的部分，亦能够帮助你对工作进行系统的构思。另外，对于 5 号下属，在激励上要多以实际的物质性的方式进行，但不限于单纯的奖金或加薪，比如请他们吃饭亦会很有效，特别是给他们放假，因为5号下属很少给自己放假，因此得到企业的带薪假期对他们来说是更为合适的激励方式。他们对精神上的激励不太在意，这也是他们"情感薄弱"的原因所致。

● 在工作过程中，要尽量减少或干脆避免让5号下属身处或出席社交场合，他们不善于或者说拒绝情感交流的特质，会让他们很难适应人际交往的环境，有些时候甚至是弄巧成拙。要理解他们喜欢独处的内在特质，在他们看来，与其在一场无意义的应酬（其实任何应酬在他们看来都无意义）中无聊地消磨时间，还不如自己回家好好地读一本书呢！另外，虽然5号下属不喜欢处理人际关系，但仍旧要时常提醒或者说是点醒他们当下"办公室政治"的气候，以免他们忽略这一状况反而让自己和部门陷入"政治斗争"的泥潭中。

第六节 6号上司和下属的职场特征与应对技巧

6号上司的职场特征与关注焦点

● 6号上司在工作中作风严谨，行事谨慎，虽然是领导但他们不爱冒险，亦不喜欢让自己的员工冒险，因此，他们对于一些新创意、新想法的支持略显不足。因为他们已经习惯当下的状态，这份状态是安全的没有风险的，关键是当下的这份状态是在他们的意料之内。所以新创意、新想法就会带来新局面，而新局面当中就会存在各种负面的可能，这些负面的可能是6号本身所不愿意面对的。他们追求安稳的内在动力让6号上司大多数时间都会强调，以勤奋严谨的态度做好本职工作就可以了，并且会全力维护这份在他们眼里看来是安稳的、安全的团队环境。

● 6号上司对安稳的工作氛围的追求，亦会让他们非常看重忠诚的团队关系，因为他们首先会为自己认可的团队尽一份忠诚，全力以赴维护团队的和谐和忠诚感，同时，他们渴求自己能够依靠团队力量的诉求，亦会让6号上司要求团队成员绝对忠诚。不过，也正是因此，让6号上司在工作中表现得疑心重重，并且对办公室环境的细微变化非常敏感，特别对于那些窃窃私语、欲言又止的行为，6号上司都会加一分防范之心，并更加留意这些人日常的反常表现，甚至开始留意收集他们背叛自己或犯错的证据，时刻准备清理门户，以维护安全的环境。另外，6号上司在工作中一旦遇到问题或者经历挫败，他反过来会以一种"受害者"的态度来对待团

队。因为在6号上司看来，自己平日里忠心地对待团队并为了团队利益不惜牺牲自己，每一个团队成员都应该为此而尽心尽力、忠诚工作，并认为，只要忠诚工作的态度没有问题，一定能够防止风险或问题的发生。所以一旦发生问题，6号上司就会产生一种被团队背叛的感觉，并以"受害者"的态度来对治环境。

● 6号上司工作风格严谨、态度谨慎小心，因此导致他们的工作方式始终以"收集资料—自我谨慎分析—群体讨论"的流程或思维模式进行。因为他们总是关注到工作中可能存在的风险或负面情况，导致他们即便以这样理性的方式进行决策时，也会表现犹豫不决，经常是几轮资料收集、谨慎分析、群体讨论之后还要继续商议，内心有足够的安全感时方能做出决定。同时，6号上司对待自己总会有一种"万年老二"的态度，

也就是说，希望自己永远依靠在某人的支持下来采取行动，最好能够作为"幕僚"或"执行人"的角色来执行决定，而不是经常让自己去面对决策。如果自己已经是最高上司，他们亦会强调团队在决策方面要发挥更多的作用，因为他们自己不愿面对决策失误带来的风险感，这就让他们的犹豫不决加重并影响团队的整体效率。

有效应对6号上司的方法

● 与6号上司相处，一定要坦诚，无论是在工作中还是在生活中都要做到坦诚，因为他们本身在沟通时容易过分陷入"理"的状态中，从而忽略掉自己真正想要表达的焦点。因此，就更要对6号上司非常坦诚、直接地表达你的目的，否则，你的转弯抹角会让6号上司认为你正在"搞小动作"或暗自盘算的作为，总是怀疑你是否在对他隐瞒些什么，亦会因此对你产生一份不信任的感觉。所以，直截了当地表达你的意图、简单清晰地强调你追求的目标是与6号上司沟通的最好的方法。另外，在工作中尽量不要窃窃私语，因为这同样会被认为你们正在隐秘地商量什么事情，并把这一行为看作是一种潜在的威胁，即便你们正在谈论"八卦"话题，也大可以在他们面前大方地交流，与其被6号上司误会大家而时时处处防范大家，还不如让他们直接地提醒大家注意严肃，然后大家坦然相处更好。更何况，你甚至发现，他们不但没有说你，反而加入了大家谈论的八卦话题中，因为他们渴望得到身边人忠诚的支持的本质，会让他们抓住一切可能的机会建立和维护忠诚的团队关系。

● 在向6号上司提交工作报告等文件性的资料时，一定要逻辑层次分明，亦要懂得在汇报业绩和积极的成果时，同时还要体现问题和工作失误以及这些失误所造成的影响，哪怕这些失误已经解决、影响已经消除，也要汇报，否则你报喜不报忧的做事方式会让他们认为你的部门工作存在重大隐患，并会因此认为你做事不严谨、写报告不认真。真正遇到问题的时候要及早和他们说，因为他们本身就需要时间收集问题面的资料，并通过分析和讨论的方式来解决，所以，你越早要求他们帮助就能够越早解决问题，他们也会因此认为你对他是忠诚的。另外，6号本身的逻辑性和为解决问题而加速行动的内在本质，也会让你及时反映的问题迅速得以解决。要明白，对于6号上司来说，问题本身不是问题，隐瞒不报或没有及时反映才是严重的，因为这是你不忠诚的表现。

● 当6号上司在决策时表现得犹豫不决的时候，特别是在一些无关痛痒的细枝末节方面，你千万不要表现得不耐烦或不屑一顾，更不要直言他的顾虑是多余的或没有必要的，这样只会让他们觉得你不仅考虑不周，而且还不尊重他的管理风格，他们对此会非常敏感，并且由于他们在人际关系上两极分化的态度，很容易因为你的上述表现就把你列入"黑名单"，今后对你的态度就会冷若冰霜，你此时再想获得他的信任就很困难了。所以，在6号上司犹豫不决时，你首先表示对他们的理解，在情绪上和他们产生共鸣，让他们有一种被尊重和支持的感觉，然后再理性、逻辑地向他们表达你的意见取向，注意你的话语传递的是方向性的意见感觉，而不是结论性的感觉，这一点很重要，否则，他们还是会认为你是在否定他们的担忧。在表明意见取向之后，再给他们时间，以便让他们结合你的意见独自分析，最后得出决策。另外，能够有效帮助6号上司迅速做出决定，莫过于帮助他们收集各种权威、专家或过往成功经验的资料、证据。因为在他们看来，这些资料就相当于是有人或环境在背后支持着他们，满足了他们"老二"以及要有所依靠的内在需求。

6号下属的职场特征与关注焦点

● 6号下属在工作中尽职尽责，绝对坚守岗位，因为他们愿意为自己认可之环境付出一切的特质，让他们具备很好的执行力和服从性。可以说，6号一旦进入公司就会表现出坚守岗位和极好的服从性的工作态度，因为他们能够加入公司，就已经是在心底认可了这份环境是安全的，亦会把公司录用自己看作环境对自己的认可和支持，这就满足了他们内

第三章　职场取胜攻略——九种人格在职场中的表现与管理之道

心渴望安全且得到支持的工作环境的需求，亦会为了维护这份安稳的感觉而不惜付出一切，表现出绝对的忠诚与团队的态度。

●6号下属非常注重团队合作，因为他们渴望建立被支持的环境，并以此作为自己职场生存的依靠，同时由于他们内在"枪打出头鸟"的担忧，也会让他们在工作中尽可能地以团队共同进退、共同决策的方式采取行动。甚至在领导赞赏6号下属的优秀工作业绩时，他们也会谦逊地强调这是团队努力的结果，给人一种过分谦虚的感觉。也因此，他们在工作中缺少创意或主意，前者是他们很少以创新的方式或思维来解决问题或开展工作，后者是他们遇到问题时很难有自己的主见，更多的时候他们都会以重复习惯的方式开展工作，并在遇到问题时采取听从安排和依赖他人决定的态度。可以说，6号下属是一名执行力、服从性很强的员工，但创意和决策力稍弱。

●6号下属在工作中真正遇到压力时，会以提升自己的工作效率的方式来应对，因为他们的压力都来源于当下发生了他们意料以外的情况，而如果不迅速解决，就会造成更多的问题，让自己陷入极度焦虑的状态。所以他们加快工作速度，集中精力解决问题。但如此一来，也会让6号下属在工作中表现得有一些缺乏焦点或失去重点。因为他们过分关注工作中可能出现的负面情况，以至于太多时间把精力放在制订各种应急计划以防止风险发生，从而导致缺乏对工作业绩和目标的追求；另外，他们会把所有工作中可能出现的负面情况，都与人际关系的变化联系起来，也就是说，他们担心的其实是因为自己的失误而导致的团队责备，所以，他们有些时候又会过分地陷入追求安全的人际关系的构建和维护上，而失去对工作重心的判断。另外，6号下属在面对改善建议时会采取拒绝的态度，因为，他们保护自己的特质以及由于这份特质带来的一旦改变就会面临风险的担忧，让他们很难真正做出改善行为，他们会习惯性地使用"好的……不过"这样的语言来以"理"说服对方接受自己的不改变，或即便接受建议，也会在内心进行这样的对话，仍旧坚持己见。

有效应对6号下属的方法

● 管理6号下属一定要守信承诺，对他们承诺的事情或表示过要为他们争取的情况就一定要做到，因为他们内在对忠诚的要求，让他们非常看重每一个承诺。哪怕是你的一句玩笑话，只要是与他们的利益收获有关，都会被他们看作你对他们做出的承诺，所以，在与6号下属相处时，你要时常觉察自己是否有意无意地表达过与满足他们的利益有关的事情，一旦说出了就不要忘记，一定要兑现，否则无论怎样都会被他们看作不忠诚、不守信用的表现，并且会有大量的"理"等待对治你的解释。切记言行一致对于6号下属的重要性。

● 在为6号下属安排工作任务的时候，一定要清晰明了地表达你的工作要求以及想要达成的目标，否则，他们会用很长时间分析和揣摩你的想法，判断你的动机，因为他们总是担心你不够明确的工作指示中暗藏玄机，并有可能因为自己考虑不周而犯错。这是6号过分关注负面情况以及把负面情况与人际关系进行联结造成的。同时，也因为他们渴望得到支持特别是领导的支持，导致他们会非常注重分析领导的想法，以便采取适宜的行为获取支持。所以，如果用暗示的方式来表达工作要求，只会让他们更加降低工作效率。

● 不要对6号下属的过分担忧或关注负面情况表示不耐烦甚至取笑他们，这样只会让他们更加为了保护自己而拒绝你对他们的改善建议，反而要多多引导和利用他们谨慎的态度和逻辑的分析特质，让他们关注如何应用自己的天分来制订有效的应急方案，一方面防范问题发生，一方面也让他们看到自己有能力通过行动有效解决问题。要多一些关注在6号下属的工作成就上，懂得赞赏他们的小成就，并以此鼓励他们自己多多留意工作的目标及自己的行动效果。这份鼓励也可以有效地帮助6号下属提升自信，有勇气面对决定和真正对治工作中的负面情况。另外，这份鼓励对于6号下属来说，也是权威者的最好的支持和信任，这是他们最渴望的安全感，他们会为了这份安全感而干劲儿十足。

第七节 7号上司和下属的职场特征与应对技巧

7号上司的职场特征与关注焦点

● 7号上司在工作中非常注重轻松、欢快的团队气氛,亦会把管理精力偏重在构建和维护团队快乐的气氛上。同时,7号积极乐观的态度,让他们非常懂得以自己的态度来感染团队中的成员,并通过精神激励的方法来推动他人,实现团队的目标。其实,每个人都渴望在工作环境中能够体会到快乐、轻松的感觉,因此,7号上司对于团队氛围的维护,正好发挥了自己善于娱乐环境的天分,并有效地以娱乐的方式激励了团队成员。

● 7号上司在工作中总是会有很多的新创意或新计划,这也是他们一心多用以及追求新奇、刺激的本质所导致的。他们不喜欢重复的、单调的工作,并把这种重复性看作沉闷的状态,所以,7号上司会非常注重在工作中求新求变,并把求新求变当作团队中每一个成员开展工作的

原则。同时，他也会主动提出各种新创意或主意，有时候是新的工作内容，有时候是全新的工作方法，总之一定要不断尝试新的体验来避免沉闷，甚至有些时候，7号上司会过分关注对新方法、新工作的追求，而忽略原本工作业绩的要求。另外，他们也会因过分强调工作创新和对新计划的追求而显得有些心急。他们不希望因为过多的分析或考量而耽误了新计划实现的进程，更为关键的是，他们担心会让其他的新计划没有机会开展。给人一种"快点、快点、再快点"的催促感。

● 7号上司在工作中是非常热心的，不仅对于自己的团队如此，对于整个办公室环境中的所有人均如此，这是他们强调快乐工作状态的特质决定的。同时，也因为他们的热心，让他们非常关注职员个人的精神状态，一旦发现有人情绪消极，7号上司就会主动安排一些娱乐休闲的活动来安慰或激励他。但是，也正是由于7号上司平日里非常注重团队氛围，并努力维护积极快乐的工作状态的缘故，让他们在遇到无法避免的压力时，会非常挑剔员工的表现。因为，他们认为如果在快乐轻松的环境中都没能积极地工作以避免失误，本身就是对自己的不支持，再加上他们自己并不愿意面对压力，就会转而以挑剔员工工作表现，宣泄情绪，当然，这份挑剔也可以有效地促进员工的工作效率和质量，从而让问题得以解决，压力消失。但反过来，员工可能会因为突然不同于以往快乐轻松的环境而不适应，从而出现消极怠工的情况，这相当于又产生了一份人际关系上的压力，这压力只会加重7号上司的挑剔行为。

有效应对7号上司的方法

● 对待7号上司，要懂得以坦率、真诚的态度来面对他们，犯错误一定要坦白承认并主动承担责任，他们不会给你压力，反而会开心于你的真诚和坦率与自己投缘（因为他们自己也是这样），并且他们积极乐观的态度也会感染你，同时以实际行动帮助你解决问题。倘若你找理由为自己辩解并想以此蒙混过关的话，只会被他们骂得很惨，并因此得到他们对你虚假或"不靠谱"的评定。同时，他们在这件事情或工作上就再也不会信任你了，但是他们还是会把其他的工作交给你来负责，直到通过各种不同工作的观察都发现你的"虚假"时，才会和你商谈离职之事。即使这个时候，他们还是会以轻松愉快的态度和你商讨，还会开出非常优厚的辞职条件，这也是他们内心不愿面对负面情况的特质造成的。总之，与7号上司共事，一定要保持工作的高效率，不然他们会心急并挑你的毛病。另外，他们允许你犯错及主动找他们寻求帮助，但不接受你"混"日子的工作态度。所以，千万不要以为7号上司平日里嘻嘻哈哈，就可以在他们面前得过且过、放低工作要求。他们对工作效率和质量是有很高要求的，这也是他们精心构建轻松、快乐氛围的真正原因。

● 与7号上司相处，要时刻提醒自己保持积极乐观的工作态度，不要总以消极的态度对待工作，或过于关注工作过程中的负面情况，更不要经常以负面的情况分析作为理由来反对他们时常出现的新创意或新计划，他们会因此对你产生过于保守、太过沉闷的评价，并会因此挑剔你的工作。但是一味地支持和认可7号上司的新创意和新计划，也不会得到他们的赞赏，因为他们会认为你是为了争取他们的好态度在阿谀奉承。他们是很实际的人格类型，当你对他们的新创意或新计划表示认同的时候，一定要客观地提出具体的观点甚至是分析数据，要有理有据地支持他们，他们才会接受，并认为你是认真并在帮助他们防范风险的。所以，中立的态度以及具体的行动建议，才是有效支持7号上司新创意、新计划的方法。

● 在7号上司的管理下，切记不要在办公室构建"小圈子"，他们可以允许办公室政治，但对于公司或部门整体的关系融洽，才是他们在人际关系上真正的追求。因为他们弱化阶级观念的态度，让他们喜欢在办公环境中构建一种不分你我的人际关系，大家都以率真、坦白的方式相处并开展工作。所以，你的"小圈子"存在于7号上司管理的企业中，会有两种情况，一种情况是你的小圈子气氛非常好，被他们喜欢并要求你把"小圈子"气氛良好的方法在整个企业推广开来,以形成整体轻松、快乐的氛围,这相当于无形当中增加了你的工作量;另一种情况是你的小圈子虽然气氛良好,但方法很难推广,7号上司就会要求你改变新方法以推广这种良好的气氛。这也是他们创新求变的特质造成的。所以,与其被上司要求用你构建小圈子的方法打造大环境,还不如从一开始就融入或配合7号上司构建他们喜欢的轻松、快乐的大环境更为有效。

7号下属的职场特征与关注焦点

● 7号下属在工作中自发性很高,他们喜欢主动承担工作,因为工作对于他们来说就是件很有意思的事情,如果是单调重复的工作,他们一方面会尽可能地快速处理,另一方面会主动要求承担一些新的工作内容,以此来对抗内心的沉闷感觉。同时,他们也因为自发的工作态度而在工作中追求自主的状态,他们不喜欢被过多地限制,特别是当他们自发地尝试用新方法开展工作的时候,更不喜欢被人束手束脚。但这并不意味着他们不服从管理,因为他们内心渴望能够在领导和同事和谐、轻松的关系中毫无顾忌地开展自己的工作。同时,他们也需要领导或同事在他们大胆尝试新方法或新工作的时候,能够帮助他们预防有可能出现的风险。

● 7号下属率真、坦诚的灿烂个性,让他们在工作中表现得没大没小,他们并不是没有阶级观念,而是把焦点放在了快乐、轻松的人际关系的构件上。同时他们认为,如果一个有趣的称呼、一个平易近人的举动能够在工作中有效地构建和维护良好的人际关系,甚至是化干戈为玉帛,那就要尝试这个有意思的行动。于是,他们很有可能在公司中对上司直呼其名或加上"小"的前缀,如"小张同志通知大家"这样的话语来传递领导的信息。工作以外的时候就没大没小地和领导开玩笑或东拉西扯地聊家常,给人一种天真烂漫的童趣感。

● 7号下属在工作中应变能力很高,这也是他们一心多用的天分所致。特别是在面对烦琐、复杂的工作局面时，他们更是以丰富的创意来面对工作内容，并且把创造性地解决问题和处理工作看作一种游戏，并享受在这游戏的乐趣中。他们乐观积极的态度，以及这份态度对身边环境的感染力，也成为他们应变能力的一部分，以至他们非常懂得调动资源来应对工作中的各种情况，甚至有些时候你会发现：他们在同时处理着多项工作，却又不慌不乱，每项工作都完成得很好。因为无论是工作量上的增加还是对工作业绩的要求提高，对于7号下属来说都会是一份压力，他们不可避免地会面对这些压力，这导致他们在面对压力的时候会以更加认真的态度来对待工作。此时，他们会集中精力于工作业绩的达成及工作中的各种细节方面，并且自发性和充沛的精力也成为7号下属行动力的保证，只要他们感觉人际环境还是轻松、快乐的，就不会把工作本身的压力当一回事。

有效应对7号下属的方法

● 管理7号下属要懂得以欣赏的态度来认可他们丰富的创意和各种突发奇想，并且尝试发挥他们的创新性，为公司的发展提供各种新的视角或构想，以此开拓公司的新局面。对于他们自发性的工作风格要予以肯定和赞赏，并要懂得放手让他们自主地开展工作，不要过分限制他们在工作方法上的各种尝试。因为他们的敏锐思维，又有积极进取的态度和果断的行动力，一定会保证工作效率。只要他们能够感受到你为他们精心构建的快乐、轻松氛围就足够。多花一点时间，以轻松、娱乐的态度去和他们沟通交流，让他们感觉到人际关系的融洽，是激励和推动7号下属最好的方法。

● 在对7号下属布置工作时，一定要明确提出对工作结果以及完成时间的要求，并强调完成工作本身的意义，同时，制订一份工作进度表，在关键时间节点上提醒他们关注工作任务目标的达成。否则，7号下属就会真的把各项工作都看作实验自己的新创意、新想法的舞台，并按照自己的喜好来开展工作，很有可能就此陷入过分追求轻松、容易的目标而忽略有难度的工作目标的境地，导致工作质量的下降。另外，在接受7号下属各种精彩的新创意、新想法的时候，首先肯定和赞赏他们的创意，同时以客观的态度、亲切的口吻、条理分析的方式，向他们提出这些新创意、新想法在实施过程中可能存在的风险，让他们有机会发挥自己认真思考的特质，去留意实施过程中的各种细节，以及细节上可能存在的漏洞，做好应急预案，确保这些新创意、新想法的可行性。

● 在管理7号下属开展工作的过程中，一定要善用他们"开心果"的角色，特别是当他们的本职工作就是单调的、重复性的时候，更要发挥他们活跃环境的天分，让他们担纲一些团队建设或企业文化宣传的任务，这样可以有效地帮助他们发现工作的乐趣，以保证他们本职工作业绩的完成。同时还可以发挥他们的娱乐天分，帮助你有效地构建和维护团队和谐、轻松的人际关系，并因此打破企业中不同部门之间的隔阂以及陌生感，提升企业文化在职员心中的融合度。

第八节 8号上司和下属的职场特征与应对技巧

8号上司的职场特征与关注焦点

● 8号上司在工作中极具威严，并因此要求属下对自己要有绝对的尊重和敬畏，他们关注工作中的宏观层面，对于战略的部署和结果的实现更为看重，不喜欢陷入对细节的研究之中。在他们看来，细节以及过程都是下属应该承担的责任，自己则只关注结果是否达成。8号上司很懂得谋略，他们对大环境和事态的把握和判断总不会错，即便产生偏差，也会以强硬的态度和硬朗的作风通过行动，把局面扭转到自己原先的预期上来。此处注意，他们扭转的并不是自己的局面，而是将外在的局面转到自己的想法上来。也因为他们如此硬朗、强势的作风，他们在工作中总是给人们一种"大将军"一样的霸气感觉，这也体现在8号的冒险精神和野心上。但要注意，他们的冒险和野心都是针对收获更大的工作业绩的，并不是因为需求刺激或转变方法而为之。

● 8号上司在处理人际关系方面表现得比较被动，因为他们强势、霸气的态度以及硬朗的作风，加上他们人格内在不喜欢屈服于人的特质，让他们从不主动向身边的人示好，他们更为喜欢被动地接受

身边人进一步加深私人交情的要求和行动，亦会把这份加深私交的要求和行动看作你对他的尊重和服从，同时也是你表明立场的举措，他们会非常愿意保护"自己人"。在管理过程中，8号上司从不避讳提拔员工，他们正义、光明磊落的处世态度以及公平的管理原则，会让他们毫不吝惜地提拔业绩优秀的员工，但他们也会在提拔的同时衡量你的实力，如果认为自己目前的地位和实力还不够扎实，同时，如果认为提拔之后的你，实力和表现会威胁到他现在还不牢靠的地位，他们就会慎重行事了。但绝对不会因此而限制你的才华，因为这是他们的公平正义感所不允许的。另外，8号上司在工作中不喜欢表扬自己的下属，反而会对你偶有的失误严厉斥责，这也是他们霸道的态度和强硬作风所致。

● 8号上司对于宏观目标以及战略结果的关注，导致他们对于你在细节上的反复推敲很没耐性，在管理中也会表现得非常性急，有些时候

甚至直接为你做主，告诉你接下来要怎么做，并且要求你立刻服从。但他们绝不是要催促你或厌烦你的啰唆，他们更加关注工作大目标的达成以及战略的实现，同时也会希望能够把你的能力发挥到合适的工作任务上。因此，经常可以听到8号上司在公司说："你就告诉我你到底能不能做！不能做我就换人，你也去做适合的工作！"此时千万不要误解他们已经对你不信任或是在赶你走，更不能因为心里的不舒服而去他的上司处投诉或抱怨，8号上司非常注重公司环境中的等级性，越级汇报或者行事，在他们眼里就是你选择了与他对立的阵营，其结果就是你会被贴上"叛徒"和"敌人"的标签，并以战斗的方式把你赶出局，可以说在他们的意识里，"越级就等于死"。

有效应对8号上司的方法

● 与8号上司相处时，一定要懂得千万不要任何小事都去向他汇报、征求意见，他们并不会把这样的举动看作对他们的尊重和敬畏，只会看作你独立处理工作的能力不强，并把你列入弱者的行列，对你产生厌烦之心。他们大多数的时间都沉浸在对宏观工作和战略目标的关注中，无暇顾及你的细节问题，你的能力能够实现战略目标才是他们唯一关注的。因此，在关键的任务事件以及时间节点上简明扼要地向8号上司汇报，重点描述工作进展以及下一步的计划就可以了，不要以复杂、详细的文字报告或资料作为汇报材料，他们无暇关注也没有耐心读下去，一封邮件、一页纸清晰明了地说明工作目前进展状况、下一步的计划以及计划完成时间和完成时的结果就足够了。

● 在与8号上司相处时，一定要在工作环境里绝对地尊重他、服从他，特别是当有外人在场的情况下，更要给足8号上司的面子，不可当众与他对立，表达你不同意或持保留意见的态度。这样做就相当于你做出了立场的选择，并把自己放在了与他对立的阵营里。如果你有反对意见，可以等到与他独处的时候再表达，表达时也一定要用"征询他的意见"

的口吻来沟通。比如："×总，我一个关于工作的想法，和您沟通一下，听听您的意见。"这样，就不会给他针锋相对的感觉，并会让他们感受到你确实在发挥自己的能力以支持他实现战略目标。另外，在人际关系的相处上，切忌对他"拍马屁"，尊重他不等于唯唯诺诺、阿谀奉承，他们对率真、坦诚、光明磊落的追求亦会在工作中作为标准要求员工做到，大方坦然的态度、温和低调的沟通方式，是他们感觉最舒服的相处状态，他们是"受软不受硬"的人。

● 在工作中，你说话、做事都要清晰、直接、肯定，注意三者并存的状态，清晰地表明你的立场，直接说出你的想法，无论如何都要肯定地支持8号上司在宏观战略上部署和对目标的追求。千万不要表达时吞吞吐吐，意图上模棱两可，态度上犹豫不决，这只会收获8号上司对你的不耐烦，久而久之还会产生对你工作能力的怀疑，最后很有可能认为你是在故意和他作对。所以，保持自己"清晰、直接、肯定"的态度，以简洁的方式发表意见，是高明之举。另外，当你犯错时，一定要主动地直言不讳地向他们承认，并承担责任。他们会感到你的光明磊落和肯担当，并帮助你争取最大的资源支持。同时，不要被8号上司的责骂所伤害或"往心里去"，其实他们很快就会像什么都没发生过一样又和你相处了，他们只是在那一刻以强烈的方式表达愤怒而已。你要留意他们在责骂时所关注的事件或言语中的重点，这些是能够触动他们情绪的关键。你要时刻提醒自己留意这些关键点，不能再犯同样的错误。

8号下属的职场特征与关注焦点

● 8号下属在工作中行动力很强，并有勇气承担艰巨的工作任务，这是他们追求大目标的内在特质决定的。一般的成就很可能无法满足他们的"野心"。同时，他们也愿意并主动地对工作中出现的问题或失误负责，甚至有些时候会主动要求处罚，因为他们认为这是公平的举动，并不会觉得是对自己的伤害。8号下属具备很强的主动工作的意识，并勇于表达自己对工作的看法以及对工作业绩目标追求的态度，亦会因此很直接地要求自己完成工作时应得的奖励，有些时候给人一种太过功利和生硬的感觉。

● 8号下属由于受追求独立自主的内驱力推动，再加上他们对生活和事业充满野心（此处的"野心"要理解为渴望大成就的价值感），让他们对自己的工作业绩以及实现业绩的策略有自己的想法和标准，在工作中亦会因此表现得很有主见。他们不喜欢被"教"的感觉，特别敏感那些"应该"与"不应该"的字眼，甚至对于暗示性的流露也会非常反感，他们会更为强调对结果达成的追求，而对过程特别是各种细节不屑一顾，一切指向过程的、道理的话语都会让他们产生一种正在"教"自己如何做事的感觉，并会触动内心"被人左右"的深层恐惧，从而更加以对立的态度面对工作。在对他们指导工作的时候，只在关键时间节点提醒他们或要求他们提交工作成果就可以了，如果业绩确实没有完成，在针对业绩没有完成的原因帮助他们进行多方面的分析，以此促进他们在工作方法的改善，并提醒他们对过程细节的关注，同时，还要以温和亲切的口吻，传递一种亲人般的态度，才可便于他们接受，虽然是8号下属，但他们仍是"受软不受硬"的人。

● 在工作环境中，8号下属也会像大将军一样"耳听六路眼观八方"，时刻留意着环境中出现的各种不公平的事情，一旦发生，首先衡量双方实力，若自己站在上风便毫不犹豫站出来主持公道，维护环境中的公平；若实力不济便发动群众群起而攻之，总之一定要维护公平正义。但有可能会因此无意中成了办公室政治的制造者（发现自己实力不济，便鼓动身边人一起发动攻势，反而造成了"朋党"划分和争斗）。而8号下属又是非常不喜欢办公室政治的，在他们看来，一切办公室政治都隐含着不可见光的暗箱操作，他们内心光明磊落的特质会自然地抗拒，但他们内心的战斗态度亦会让他们不介意身处办公室政治中，反而有可能愈战愈勇，此时他们内心会有一种"看谁笑到最后"的态度。另外，8

号在人际关系处理上也比较极端，这表现为接受某人便热情忠义，厌烦某人便冰冷背弃，但对人的判断亦会瞬间转换，也就是说，对同一人的判断可能瞬时间在喜欢、厌烦之间反复转化，在态度上就会表现得热情时可以为之赴汤蹈火，冷落时甚至对其大发雷霆，但二者转换迅速，好像从未发生过一样，给人一种太过于豪爽的感觉。

有效应对8号下属的方法

● 管理8号下属时要懂得尊重他们，切记不要在公众场合批评或对他们的想法提反对意见，这些都会触及他们内心的深层恐惧，产生一种被人"教"的感觉，并因此对抗你的管理。如要对他们提出建议或指导，最好在独自与他们相处的时候尤其是私下的环境和时间里进行，因为这样做绝不会伤害到他们的"面子"，因为即便在办公环境中，你把他们单独叫到办公室建议或指导，他们仍旧认为你是在当众批评他，让他没有面子（毕竟是在办公环境中），这会伤害他们一直构建的威势的公众形象。所以，尊重他们，欣赏他在环境中自发的领导能力，帮助他们建立真正的威信，会让他们忠诚地以更加出色的工作回报你，同时亦会因为他们的领导才华而带动整个团队的工作业绩上升。总之，对待8号下属，要懂得你敬他一尺、他敬你一丈的原则。

● 在对8号下属进行工作建议时，还要注意一定要把焦点放在工作结果上，也就是说，即便是对他们改善工作方法的建议，也要首先把工作结果摆出来，并用各种事实的案例描述改善之后的工作结果和的意义，这样才会让他们信服并且不会产生自己正在被"教"的感觉。表达方式上仍旧要保持和善、亲切的感觉，以委婉的语言来暗示性地与他们沟通，表明你希望他们改善的地方。比如，"上个月你的业绩很好（先赞赏他们），我知道你对事业上的追求很高，对自己在业绩上的表现也要求很高（用他们内心的追求作为工作的意义，亦会传递一份你理解他和肯定他的感觉），所以，在接下来的时间里，你肯定会承担更为重要的工作任务（再一次给他们创造高目标），那么，接下来我希望你能够在这些方面上加以改进……"（每说明一个改进就明确一个改进后工作业绩上会出现的结果）。这样，就会符合8号内心对建议"清晰、直接、肯定"三者同时具备要求，你不但提出了建议，而且还没有伤害到8号下属的自尊心。

● 作为8号下属的上司，一定要有实实在在的威信和实力，并通过具体的工作成就来表现这些威信和实力，不要只强调自己是上司的角色，并以这个角色的表面行为来维护自己的上司形象，他们对这些表面现象根本不放在眼里，只有你的管理和工作实力才是让他们臣服的关键，并且很有可能把你看作自己的追求方向，更加努力地跟随你的方式开展工作。另外，你不可以因为担忧他们的野心而限制他们在工作中展现才华，要知道，他们的野心只有在感到你在"教"他们的时候，才会变成针对你的态度。大多数时间，他们的野心都是对"追求主宰自己人生能力"的渴望。因此，最有效激励8号下属的方法就是：信任他们，并授权他们独立处理和决策一些工作，让他们能够在环境中发挥自己的领导和组织能力，给他们制造一些新的挑战，他们一定会愈战愈勇，并因此给相关业绩带来质的提升。

第九节 9号上司和下属的职场特征与应对技巧

9号上司的职场特征与关注焦点

● 9号的上司由于人格内在对和谐、融洽的状态的追求，以及渴望与人建立融合的情感联结的态度，导致他们在工作过程中很少表现出阶级差别的感觉。可以说，9号上司的内心就根本没有阶级观念，他们认为大家都是平等的，也只有这样才能真正构建和谐、平顺的工作环境。所以，他们在工作环境中、在与人相处的过程中也绝无领导者的架子，一切都以平易近人的态度以及温和、亲切的作风来对待。9号上司在工作中对于下属的工作表现或工作过程没什么要求，就像他们对自己的生活没有要求一样，只要员工能够完成本分之内的事情就可以了，对于那些不断拼搏、每天激情工作的员工，9号上司也不会太过重视或赞赏，而那些业绩平平、终日昏昏沉沉的员工，也不会受到9号上司的批评，因为无论是赞赏还是批评，都会破坏当下和谐、融洽的状态。9号上司更加追求一种平衡的感觉，因此，只会要求员工尽到本分、保持细水长流的工作状态就可以了。

● 9号上司对工作中各自做好本分之事的要求和态度，过于关注和谐、融洽的人际关系的原因，再加上他们很难分清主次以及轻重缓解的特质，导致9号上司在管理中很难做到有效地安排和分配任务，大多数时候，他们真的只是调动大家做好自己的本职工作，但是对于任务目标的分解则不太擅长，也因此让自己难以下放工作或授权他人处理事务。特别是当他们遇到新任务、新情况的时候，更加难以分配工作内容，往往是自己一人全部承担，并因为打破了原本的工作习惯而让新、老工作都没能出现预期的结果。另外，9号上司也拙于对下属工作的指导，因为他们自己的精力和时间，刚好能够满足对自己本分工作的关注。身边其他人的求教，只会让他们感觉破坏了一直以来自己已经习惯的存在状态，虽然他们会直接以亲力亲为的方式帮你完成工作，但这样亦会导致9号上司没有时间打理和完成自己的任务，从而陷入一种内心的煎熬中。

● 9号上司在管理工作中强调共识，他们关注共识所带来的团队和谐、共融一体的感觉，因为他们对于每个人内心的感受以及情绪比较敏感，对于员工是否在内心真正地认可某种决策，他们有很精准的感觉与判断，亦会因此更关注大家能否发自内心的达成一致，并以此保持融洽的关系，从而维护和谐、稳定的工作状态，也因此导致9号上司在遇到事情需要做出决策时，会以团体共同讨论的方式一起分析各种可能，并通过大家最后一致的态度来做出决策。此处要注意，9号上司不会采取让大家分别收集资料、自己分析的方式开展研究工作，他们往往是从一开始便以团队共同商讨的形式开展分析工作，自己也很少在团队讨论和分析过程中发言。大多数时候，他们只是发起人和在过程中给予多方帮助和协调的角色，很少发表意见，他们担心自己的意见会影响大家的状态并有可能引起争执，更多时间里他们都把精力集中在调和大家可能发生的争执上。9号上司追求在工作中实现一种"你好、我好、大家好"的三赢状态。

有效应对9号上司的方法

● 与9号上司相处要懂得为人处世安守本分（工作职责的本分），以安稳的状态完成工作任务就可以了，千万不要在部门外面惹是生非，节外生枝（与部门以外的人有过多的深入接触，并有意无意地暴露很多本部门的工作和日常信息），避免给9号上司无端制造压力。因为他们要关注你在工作环境中的表现和状态，如果你过分"节外生枝"，就相当于分担了更多9号上司的精力，他会因感觉自己习惯的状态被打乱而产生压力的。另外，你的"节外生枝"一定会出现某些争执和冲突的情况，这也是9号上司不愿意面对的状况，所以，不要经常要求9号上司为你"出头"，帮你处理人际关系上的冲突和争执，或者为你协调矛盾，他们可以很好地帮助你协调完成工作所需要调动的资源，但对于人际冲突或矛盾，恰恰因为触动了9号深层恐惧，他只会躲避你的请求。另外，也会认为这是你分内的事情，要求你自己解决。

● 在9号上司的管理下开展工作时，要懂得与身边的人都建立一份和谐、融洽的关系，如果不能做到在大环境下的和谐、融洽，那么，你就将精力放在与本部门构建并维护一份融洽的关系就好了。其实做到这一点也不难，因为9号上司本身就会努力构建部门的和谐氛围，因此，你只需配合及享受他们构建和维持的这种和谐关系就可以了。在言行当中要学习待人有礼、和蔼可亲的态度和不温不火、恰到好处的方式，飞扬跋扈的态度以及过于硬朗的风格，都不会被9号上司所喜欢，同时也会因此认为你不具备团队精神。保持自己稳定、平和的工作状态，是赢得9号上司认可的关键。

● 不要在9号上司管理工作的过程中表现得极具野心,他们不会担心你对他们管理位置的挑战或威胁,但是他们更为关注你不择手段地完

成业绩、达成目标的方式会破坏团队和谐、融洽的关系，亦会认为你的表现有可能成为大家模仿的对象，而因此造成整个部门虽然业绩出众却因为不拘小节，在大工作环境中树敌过多，从而让自己陷入不得不面对冲突和斗争的境地中。所以，一定要懂得配合 9 号上司的节奏，明白他们所追求的团队整体最优的状态，并享受因为团队优秀而带来的稳定感。

9 号下属的职场特征与关注焦点

● 9 号下属在工作过程中态度随和、为人做事平易近人，非常关注在工作八小时之内应尽的本分，所以会在工作时间内默默行动，很少主动承担额外工作，更不会节外生枝，平添事端。他们大多数时间都沉浸在尽心做好委派的工作任务中。另外，9 号下属对于工作过程中的要求也像他们对生活要求一样，只要满足基本保障就可以了。但值得说明的是，9 号下属在工作中的基本保障的要求是，希望身边人能够在八小时之内尽可能不要打扰自己工作的状态，因为他们很难拒绝别人请求的特质，容易让自己陷入因帮助他人而无法完成自己工作的境地。同时，他们强调维持自己已经习惯的生活状态的特质，又不会加班来完成自己未完成的本职工作，从而导致整体工作效率降低。因此，他们渴望领导能够留意到这一情况，并帮助他们维护自己工作时间内有效、稳定的工作状态。

● 9 号下属在开展工作中，很少主动表达自己的想法以及感受，他们总是在少言寡语中默默地开展工作。因为他们一方面担心言多语失带来的纷争，另一方面也不愿意在工作中谈论他人或事情，无论是自己表达还是随声附和，都有可能给自己带来一种陷入纷扰的不自在感，所以他们很少发言。但内心实际上却有很多感受和想法，特别是当他们真正遇到自己反对的观点时，虽然当时表面上接受，但一定会去收集和整理各种支持自己观点和想法的证据、资料，并回到工作中分享给团队成员，让大家都认为自己才是对的。但 9 号下属也就做到这一程度了，他们绝不会真正跳出来直接针对自己的对立方（那是一种争斗的不和谐状态），不过他们却以无意间构建支持自己观点的阵营的方式,以团队的力量来对抗相反的观点,反而更具说服效果。

● 9号下属对于他人的感受和需求很敏感,但他们很少主动地采取行动去帮他人,因为他们担心自己的主动可能会失误并给人带来麻烦,亦让自己陷入纷扰之中。另外,他也担心因此而破坏自己的工作状态而耽误本分内应该完成的任务。9号下属往往无法拒绝他人向自己主动提出的请求,也会让他们经常因为无法拒绝他人的请求而陷入过度帮助他人的状态中,有一种失去方向的感觉,同时对于他们自身的工作也会因分不清轻重缓急而失去焦点。如此状况常会让人感觉9号下属在工作中有些过于松散,总是不能真正集中精力在某一时段完成一个目标。另外,9号下属在工作中慢条斯理、不温不火的工作风格,以及他们面对批评时依旧保持亲切、和蔼的态度,也会让人有一种奈何不得的感觉。他们也会以这种亲切、和蔼的态度来维护自己的工作状态,并以此逃避工作中的纷争和压力,特别是当他们遇到自己无法回避的压力时(如因为太过于帮助别人而没有完成自己的工作),就会以好态度来面对领导,但是在行动上仍旧不会加班或改变自己习惯的节奏,因为这一切都会破坏自己存在的状态。

有效应对9号下属的方法

● 管理9号下属,要注意在工作安排和部署任务的时候,一定要清晰、明确地向他们说明工作任务的要求及他们承担的部分对整体工作目标的影响和意义,让他们明确自己应该承担哪些责任。同时,还要帮助9号下属整理出他们所承担工作的轻重缓急,让他们清楚自己应该以怎样的顺序开展工作。这样能够帮助他们建立阶段工作目标,并因此提高他们的工作效率。

● 要相信9号下属的工作能力和工作自觉性,他们一定会有效地利用工作时间完成自己的本职工作。因此,鼓励和支持他们的工作,要比施加压力对他们的刺激更有效。另外，在行动上要注意维护9号下属需要安静、集中地关注自己工作任务的状态，帮助他们拒绝他人的请求，这是对他们最好的理解和支持，也会让他们感受到你对他们的信任和欣赏。他们会为此更加忘我地工作（但仅限于工作时间内）。

● 在工作环境中，特别是团体会议或征询9号意见时，一定要耐住自己的性情，给予9号下属充分的时间来反映环境中的各种信息，同时要经常鼓励9号下属表达自己内心的想法和对工作的意见。在讨论过程中，要以询问他们意见的方式鼓励他们表达真实的观点，如"你对此还有什么想法吗？""除了大家所说的情况，我还是想听一听你的想法"等。要注意，你的鼓励并不会在一次、两次的过程中出现效果，但你仍旧要有耐心，每次都以同样的方式鼓励他们，让他们感受到你对他们的重视，并且9号会慢慢地感受到环境的安全，在他们觉得轻松自在时，就会很自然地表达内心的观点，并真的会为你带来各种不同角度的建议，帮助你更有效地把握事情的全部。

第四章 收获真爱——九种人格的爱情特征与相处心法

第一节 1号伴侣的情感特征与相处要略

1号伴侣的情感特征及关系焦点

● 1号伴侣非常重视承诺,因为他们崇尚高尚品德与社会道德的人格驱动,使得他们一旦许下承诺便会坚决执行,同时将这份承诺迅速转化为要求自己的原则和标准,以力求完美之心来兑现。他们非常注重伴侣之间各自应尽的责任,甚至有些分工明确的职业感觉,对自己所承担的家中事务一定尽心做好,男性关注家庭经济方面,一定会尽全力来不断改善家庭经济状况,让妻子、孩子衣食无忧;女性则关注操持家务方面,一定全力以赴把家庭的一切事物安排得妥妥当当,有条不紊,丈夫、孩子的任何物品摆放都能了然于胸,甚至他们的行程都会安排妥善。但因为过分关注双方应尽的责任,并以履行责任的量化分析来表达爱意,有时候容易将责任与爱的感觉混淆起来,再加上1号很少用甜言蜜语来与伴侣沟通,会给人一种没有情趣、爱似乎都是应尽的责任的例行公事感。

● 1号会与自己的伴侣进行比较,比较的范围涵盖成长环境、家庭背景、学历情况、事业状况等人生境遇,并且会用量化的标准来衡量。因此,1号在与伴侣相处的过程中会由于某个方面的不足而产生自卑的心理,并因此感到压力,此时则是1号的心理最脆弱的时刻,很容易被第三者乘虚而入,甚至有些时候发生1号自己节外生枝的情况。此时,1号对伴侣的细微甚至是不经意的建议,都会非常敏感,甚至解读成批评,并记在心里,若有朝一日情绪爆发,都会把这些陈年旧账一起清算。若在1号与自己的伴侣进行比较之后,发现伴侣的各个方面(注意是各个

方面）均不如自己的时候（甚至有些时候，1号会有意无意地寻找这样的伴侣），1号就会把帮助对方提高和改善自己为重要责任，并全方位指导其伴侣的生活、工作和学习。此时其心中受到"我总是为你好"的内驱力推动。

● 1号对伴侣的一切都会非常关注，因为他将关注伴侣的一切看作自己的责任，因此会非常紧张伴侣在生活、工作和学习过程中发生、经历的一切。其关注的意义在于，时刻发现伴侣的不足并应用自己的原则和标准督促伴侣改进。1号会要求伴侣同样遵从和执行自己认为正确的事情或为人处世的方法，给人一种家长一样的感觉。1号很少表达（至少是正面表达）自己的需要，因为他们认为自己的伴侣"应该"能够知道自己的需要（这是1号认为伴侣应尽的责任），另外这也是因为1号一直以来都压抑自己的情绪以及需要的表达，并因此产生一份一旦表达自己就不够完美、不配得到好好对待的情感恐惧。所以，1号在表达情感需要时多用暗示性的言语或身体语言，但因为其惯用分析式的表达，其暗示的效果很难精准到位，并容易让双方陷入讲道理的旋涡中，给人一种似乎总是在"算账"的感觉。

1号伴侣亲密关系的相处要略

● 对待1号的伴侣，要时刻保持真诚，特别是在提意见或者表达内心的感受时，直截了当，不要暗示，1号追求的就是真诚的感觉，特别是对自己的伴侣，更是将真诚看得比任何事情都重要，可以说是众多原则的核心。另外，如果你没有直接表达，那么1号会把你第一次说的话语当成你想表达的意思，甚至会出现误解，让双方陷入讲道理的无效循环中。比如上面的典型故事中，妻子想表达的是内心被丈夫忽略的委屈，但由于开场先表达了丈夫近期工作繁忙的意思，再表达情绪的时候不但没能得到丈夫的关注，反而让丈夫觉得，既然你已经关注到我平日里的辛苦了，为什么不理解我的辛苦就是对你和家庭尽责任的爱呢？所以，直接、真诚地对待1号伴侣至关重要。

● 对1号伴侣，要经常赞赏他们为了家庭而付出的勤奋和辛苦，让他们有一种被关注和理解的感觉，这样可以满足他们对"伴侣应尽的责任"的要求。同时告诉他们，自己对他的爱不仅是因为他的尽职尽责以及完美的表现，而是爱他的全部，让他们懂得在自己面前放下过分追求完美的原则，懂得与伴侣一起享受休息的快乐。时刻提醒他们关注自身的价值，鼓励他们向自己表达内心的感受与情感的需要，让他们感悟到：除了家庭责任以外，爱的感觉本身才是两个人彼此吸引、相守一生的关键。

● 日常要有良好的生活习惯，衣履整洁，饮食起居规律，家中物品分类整理，特别是家中物品方面如果你做不到分类整理的话，至少要做到用完放回原处，因为1号会把家务处理得井井有条，你在这些小事上的粗心会让1号有一种不被重视的感觉，并且他还会把这些行为解读成是你犯的错误，并向家长管教孩子一样不断唠叨，直到你能养成习惯为止。和1号约好的事情一定要及时完成，约会亦不能迟到，否则都会被看作犯错误，教导主任的感觉就会马上出来。因此，要经常提醒自己不要忘记1号伴侣喜欢什么、讨厌什么（关注他们"应该"与"不应该"的标准）。犯错时（没能符合1号的原则时）主动承认错误，不要解释，毕竟1号不喜欢狡辩，你说得越多，就越是陷入讲道理的恶性循环，不如关注两个人都想要的效果。要理解1号的严格甚至是苛刻都是出于好意，并不是故意刁难你，当大家陷入言语上的纠葛时可用幽默的言语方式打破僵局，并让他的精神松懈下来，以此避免与1号的冲突。如果冲突发生，你要留意他们的眼神和脸色，如果感受到他们的眼神中有怒火，脸色阴沉，身体摆出一副防御的状态时，那么就不要与他继续沟通，待其情绪平静后再去针对效果进行沟通吧。

● 当1号向你主动表达情绪或困扰以及生活、工作中的一些经历时，要多多聆听，并以专注和肯定的眼神注视他，切记聆听是最重要的，不要给他过多的建议和分析，因为1号的表达只是向你诉说，他需要的只是你的倾听而已，你的建议反而会让他觉得心烦意乱，原因在于他早已经把所有的可能性都分析完了，也就是他一定是已经有十足的把握之后才向你表达，所以，你的任何一个意见，都相当于在反对他认为原本已经完美的分析，于是聆听加上最后的一句回应"无论你做出什么决定，我都相信你是对的，并会绝对地支持你！"就足够了，而这也是1号在主动表达情绪或经历时内心想从伴侣方面得到的支持感。因为1号认为倾诉本身就是一件不对的事情，如果你给出建议相当于在其自责的心理状态增添一份责备，结果只会让他更加痛苦，因此聆听之后的简单鼓励，就可以让他在倾诉结束之后自然地干劲儿十足。

第二节 2号伴侣的情感特征与相处要略

与2号伴侣的情感特征及关系焦点

● 2号伴侣非常注重对方的感受以及需要，会把对方的需要和感受放在首位，因此不惜改变自己来适应对方，有时甚至是牺牲自己来迁就

第四章 用真心收获真爱——九种人格的爱情特征与相处方法

对方。2号伴侣会为了对方的梦想或兴趣改变自己，学习对方喜欢的东西，了解对方感兴趣的领域，付出自己的一切力量，调动自己的一切资源帮助对方实现梦想，并希望得到对方对自己的爱的回应，以此收获自己是被对方需要的被爱的满足感。但有些时候会因此失去自我，特别是没能得到对方回应的时候，更会产生一份继续奉献还是表达需求的内心矛盾。

● 2号伴侣时刻都希望能够与对方厮守，追求一种如胶似漆的结合感。因此，会非常细心地关照和重视对方的一切，包括对方的家人和身边的朋友，有一种爱屋及乌的内在动力在不断地驱动2号：既然爱对方就要爱与他有关的一切。所以，对方不仅自己能够从2号伴侣这里得到无微不至的关爱，连自己的家人和朋友也会得到周到的关照。与此同时，2号伴侣也需要感受到对方对自己的关爱和重视，需要感受到对方感激自己所付出的爱，因此，2号伴侣在倾心付出爱的同时，亦需要在对方身上收获一份能够依赖的感觉。

● 2号在表达内心的需要时通常不会直接说明，而多采取暗示的方式让对方能够了解到。因为他们总是能够在对方未开口之前就觉察到对方的需要，并立即给予关照，所以也希望能够收获同样的回应。于是他们总是会制造一些浪漫的氛围，让二人沐浴在爱的气氛当中，并以此希望对方能够加强对自己的需要,同时注意到自己内心的需要并给予满足。但2号伴侣偶尔也会情绪化，甚至像火山爆发一样的宣泄，这主要是因为长久以来过分压制内心的需要，并总是用间接的暗示方式表达需要但没有得到回应，从而产生了一份不被理解、不被重视、不被关爱、不被需要的内心抱怨。此时的2号伴侣，会以委屈甚至是受了天大的欺负一样的方式，抱怨自己未能得到关爱与重视。同时更加强化关爱对方、照顾对方、无微不至地照顾对方及其家人和身边好友的行为，并以此让对方产生一份愧疚的感觉。如果仍旧得不到回应，便会真的"火山爆发"，如数家珍地与对方理论，并直接采取行动控制对方的生活，给人一种过分干涉生活的霸道感觉。这主要因为，2号伴侣认为自己为对方付出了那么多的关爱甚至是牺牲，就有权利了解以及控制对方的一切（这情况只出现在2号始终不能得到爱的回应时）。

与2号伴侣亲密关系的相处要略

● 作为2号伴侣，你要懂得细心留意他们在情感上的需要，特别是他们对被爱与关注的需要，他们希望你能够和他们一样，在未开口之前就能够觉察到，并细心地为他们打理满足他们渴望被爱的需要。做到这一点会让2号感觉到与你在一起的生活充满甜蜜和幸福感。在言行上要多多表达对2号的关爱，如果你爱他就不要吝惜"我爱你"这三个字以及各种喃喃细语，2号会从这些言语中明了并收获你对他的需要和爱。虽然他们对情感的觉察很敏锐，但只限于对他人情感需要的觉察方面。也就是说，2号对于你向他们间接地、暗示性的表达情感的觉察是很匮乏的，这也是因为他们忽略自己内心的需要造成的。因此主动直接地告白情感，或者以一些小礼物时常对2号表达情意以及亲昵，都会让2号伴侣收获被爱的满足感。一会让你们的生活或交往沉浸在甜蜜的浪漫感

第四章 用真心收获真爱——九种人格的爱情特征与相处方法

觉之中。

● 在与 2 号伴侣交往时，要懂得鼓励他们主动地、直接地表达内心的需要，因为他们暗示性的表达总是造成误会，因此直接的表达才能够真正准确地满足他们的内心渴望。告诉 2 号伴侣不需要为了迁就而过分改变自己，这份鼓励和表白会让 2 号感觉到自己被爱以及自己的需要被重视的感觉。与此同时，明确地告诉 2 号伴侣，自己爱的是其全部，并不是他的无私付出。"你的牺牲和关爱让我感动，但我想让你知道，能够与你在一起是最重要的，我爱的就是你的全部"，"能够与你在一起，我愿意为你做一些事情，因为总是你在无微不至地照顾我，你太辛苦了"，类似这样的话，对 2 号收获内心被爱的感觉非常重要。因为你在向他传递，即使他自己也有被爱与被照顾的需要，你也不会因此厌烦他，不会认为是他在一直以来的付出之后突然索要回报，并因此远离他甚至放弃他，反而你对他的鼓励并直接表达内心需要的行为，会让 2 号感动不已。

● 在日常的交往或共同生活中，要用帮助 2 号发掘自己内心的需要。真正为自己做一些事情的行为，来让 2 号明白，即便是深爱的彼此，也需要给各自的内心留下一点缓冲空间，允许各自有一些时间和精力放在私人的事情上，不要过分地融入彼此的生活里去，那样只会让彼此产生过分干涉的被限制感。让 2 号明白，如果爱变成了一种控制，那么就是爱结束的时候了，并因此懂得关爱自己，保留属于自己的那份兴趣和价值。双方亦会在爱的交往中相处得恰到好处。

第三节 3 号伴侣的情感特征与相处要略

3 号伴侣的情感特征及关系焦点

● 3 号伴侣由于社交能力方面的天分以及"察言观色"的特质，非常懂得洞察对方在情感上的需要，但这份洞察往往只聚焦在对方渴望怎样的行为上。因此，3 号伴侣总能够在伴侣面前把自己最好的形象（实

际上是对方想要看到的形象）表现得非常到位，并以此来取悦对方及增强自己的吸引力。3号伴侣在你的家人和朋友面前表现得非常尊重你、宠爱你、支持你（甚至是溺爱你），亦懂得在亲朋好友面前将两人的幸福和甜蜜"秀"出来，这是3号注重形象以及渴望他人之认可的本质所致，也就是说，3号认为我的幸福本身也是自我价值体现的形象，也需要别人的鲜花掌声。因此，3号伴侣会以在别人面前秀幸福、秀甜蜜来赢取他人对自己情感状态的羡慕，亦会让自己的另一半感觉自己是世界上最幸福之人。同时，3号伴侣的竞争心态，在情感交往上就会演变成很强的嫉妒心理，自己的另一半与异性相处得很好，他们会非常紧张，便总是有意无意地在他们面前更加展现自己优秀、光鲜的形象，并以此来PK那位异性，直到感觉自己占到上风为止。

● 3号伴侣由于其人格特征中的目标驱动以及不断冲、不断做的特质，导致他们非常容易过分投入到工作、事业中，而忽略掉对伴侣或家庭上的情感呵护。但3号并不会表现出一副对家人漠不关心的冰冷感觉，他们只是过分投入工作，有些分身无术而已。因为3号伴侣无论自己多忙，都会为家人或伴侣安排各种情感呵护的事情，比如为家人安排旅行、为伴侣订购他们喜欢的商品、为孩子购买其喜欢的玩具，以大量的实际行动来表达自己的爱。换句话说，3号在情感的表达上，"做"多过于"说"，会认为拼命工作也是自己通过行动表达对家人之爱（此处注意，他们不把拼命工作看作自己对家庭应尽的责任）的方式。当3号伴侣在事业上订立了一个新的目标时，他们非常需要伴侣能够为之兴奋，并把伴侣的这份表现视作身边最亲近之人对自己想法以及实力的赞赏和肯定。另外，当3号伴侣放假的时候，他们更喜欢在家彻底休息，此时他们会一反平日里光鲜醒目的形象，以松散、慵懒甚至是邋遢的方式赖在家里，这也是因为他们平日里太过于拼搏并时刻紧绷光鲜形象的神经所致，也是3号的单元任务的本质即"一旦休息就要彻底放松，这才是休假的目标"驱使的。

● 3号伴侣不太懂得真心或完全透明地向对方表达情感，因为他们以往光鲜的形象背后隐藏的不为人知的忧伤、脆弱，甚至是阴暗面，只有与自己至亲之人才有可能接触到，所以他们会更加留意在与自己的另一半相处时的隐藏。同时，3号伴侣太过实际的特质，总给人一种不解风情的感觉，很容易忽略对伴侣内心感受的关注，总是以物质的或现实的行为来满足对方，给人一种一旦遇到情感问题，便会从物质上表现（如购物、晚餐、送礼物）来逃避情感沟通。这也是3号"不愿意认错"的本质表现。同时，因为他们总是以回避沟通的方式处理情感问题，所以会产生一种情感薄弱的感觉。

与3号伴侣亲密关系的相处要略

● 与3号伴侣相处，要懂得赞赏和感恩他们为取悦自己及营造一个幸福、甜蜜的家庭环境而做的努力。因为他们将构建幸福之家及让伴侣时刻感受到甜蜜当作自己的目标，并把实现这目标看作自己能力或价值的体现。所以，当3号陷入爱情时，他们会把自己的一切奋斗都归结于实现幸福家庭上。因此，懂得赞赏他们的付出、感谢他们为自己的幸福所做的一切，就相当于对3号伴侣的鲜花和掌声回应，他们亦会因此动力十足。最有效的表达赞赏与感恩的方式，就是当3号伴侣产生一个新想法或制定一个新目标时，要给予大力的支持和认同，并发自内心地与他一起为新目标而兴奋起来。因为他们的新目标是为了营造幸福之家。所以如果你确实有一些意见要表达，也要用婉转的、暗示性的方式来提醒他们注意实现目标过程中的潜在危险，但你要记住，你可能改变他们的目标或让他们放弃目标、提醒他们注意风险就足够，因为他们会把风险甚至是你的反对，都看作新的目标，并把解决问题以及说服你看作是自己能力的表现。

● 在与3号伴侣相处时，不要太过于希望他们有过多的业余时间来陪伴你，一方面，因为他们总是会把大量的精力和时间放在事业的奋斗上，另一方面，因为他们在休假时更愿意彻底地在家放松，因此很难有太多的完全属于你的时间。但你要明白，当3号与你明确一份恋爱关系的那一刻起，他就已经把自己交给你了，原因就是上面提到的，他们把自己的一切努力都与构建幸福之家的目标连接起来了。因此你要意识到，你拥有的是他的全部，并不是他的时间。所以，多安排一些时间给自己，做一些自己感兴趣的事情来发展自己，是有效与3号相处并避免内心产生不被关爱的感觉的方法。3号伴侣亦会喜欢和支持你做自己感兴趣的事情，但要留意他们的嫉妒心理，不要在开展自己喜欢做的事情时，与异性表现出过多的亲密，否则不论3号怎么忙，他都会时刻不离地陪着你的（因为他需要与那个异性PK）。

● 对待3号伴侣要以温柔体贴的方式来照顾、呵护他们的生活，因为他们太过拼搏，不懂得留意自己的身体，所以照顾和提醒他们懂得放松自己、让自己休息是至关重要的。3号伴侣虽然自己不喜欢用肉麻的语言表达情感，但是他们非常渴望对方能够温柔、体贴地向他们表达，并会享受这份甜蜜。不要在3号伴侣休息时为他们安排太多的活动，特别是周末的时间,因为他们此时的目标就是彻底休息,但也不要让他们完全在家中无事可做,因为他们实际上很难在精神上放松下来,在家里待着总是会继续思考事业或工作目标的。可多为他们安排一些户外的休闲活动,比如郊游、温泉、去公园散步等,切忌逛街、看电影等活动,让他尽可能以远离人群的方式放松身心。

● 在3号伴侣疲倦的时候,要给他完全独处的空间和时间,不要打扰他,让他能够安静地思考和体察自己内心的感受。之后,以温柔体贴的方式与他沟通,让他知道你对他的爱不仅限于他的拼搏以及奋斗所取得的成就上,对他整个生命的感恩才是你对他爱的全部,以此作为鼓励他退去"伪装"、真实表达内心所有情感的方法。并以此帮助他们真正关注到自己存在的价值,建立自我价值的评价,把视角从关注身边人的鲜花和掌声,转移到为得到理应属于自己的鲜花和掌声而该做的事情上。让他们意识到:这些事情才是自己真正想要追求并实现的自我价值。这才是作为伴侣对3号人格真正的赞赏和爱。

第四节 4号伴侣的情感特征与相处要略

4号伴侣的情感特征及关系焦点

● 4号伴侣情感非常丰富且细腻,主要表现在他们对身边的人、事、物都能够非常敏感地体察到情绪的反应,并以此进行内心的情感加工。因此,4号伴侣情绪起伏很大,开心的时候能够开怀大笑,伤心的时候泣不成声,甚至有些时候可以在开心与伤心之间瞬间进行情绪转化,一会儿笑个不停,马上又潸然落泪,给人一种捉摸不定的感觉。4号伴侣对于情绪和情感的敏感觉察,导致他们对于一些细小之事非常关注,比如一个眼神、一声叹息,甚至一片乌云挡住阳光,都会引起他们很大的情绪反应,并沉浸在这种情绪中久久不能释怀。这就让对方有时候很难理解或明白4号伴侣究竟发生了什么

事，或自己什么地方做错了让他们产生如此大的反应。但这份不理解反过来更加深了4号伴侣不被理解、不被怜爱的感觉，并因此更加情绪化，甚至大发脾气。有些时候总给人一种"无理取闹"的感觉。

● 4号伴侣在处理家中事务的时候会以自己的感觉为主，以舒服、舒适的感觉为首要原则，强调随性、洒脱的生活方式，甚至有一种独断独行的感觉。有些时候，他们可能会把家里打扫得一尘不染，整整齐齐，因为他们此时要享受干净清新带给自己内心的清净感；有些时候又会连续很长时间不收拾家务，东西随手乱放，此时他们需要感受随性、放纵的感觉，并以这样跟着感觉行事的方式作为自己"真性情"的流露。另外，4号伴侣在家中非常注重营造浪漫的氛围，但并不只限于温馨浪漫的氛围。在他们眼中，忧郁的、悲伤的情怀也是浪漫氛围的一种，甚至有些时候过分追求这种忧郁、悲伤的浪漫情怀。同时，他们亦把自己用心营造的这种浪漫情怀作为感动对方的重要方式，并以此渴求自己与对方建立深刻的情感联结。所以，他们会经常以细腻的方式营造各种浪漫的氛围以感动对方，给人一种相当有情调的感觉。

● 4 号伴侣在与对方相处的过程中，经常表现出一种若即若离的感觉，他们追求浪漫以及经常自己沉浸在自我想象的情感世界中的表现，给人一种非常需要个人空间的感觉。再加上他们我行我素、独断独行的一贯行为方式，更让人觉得他们似乎更喜欢一个人生活。同时，4 号内心又非常渴望伴侣能够理解和明白，他们给人的这种感觉其实正是他们与众不同的特质，并且他们认为伴侣恰恰是因为这份与众不同才爱上自己的，所以他们又表现得非常需要伴侣关注、珍惜、怜爱自己。但是在情感上做到就可以了，千万不要在行为上太过于限制自己跟着感觉走的"真性情"，给人一种"自由也要、宠爱也要"的纠结感。

● 4 号伴侣在处理双方关系时也会以自己的感觉为原则来决定对待对方的态度。当他们需要享受与你如胶似漆般的亲昵感觉时，就会热情似火地把你融入怀中；但当他们内心渴望享受一份孤独和宁静时候，又会冰冷地把你推开，甚至对你表现得不耐烦以及希望你主动消失。或者说他们有些时候为了体验孤独及被遗弃的感觉，会故意以冷若冰霜的方式让自己的伴侣离开自己。同时，当他们有心事的时候，往往以默不作声的方式独自体会这份心事带给自己的情感体验，对伴侣的关心也不予理睬，甚至表现出厌烦的态度，给人一种过分关注自己、不懂得照顾他人感受的"自私"感。

与 4 号伴侣亲密关系的相处要略

● 与 4 号伴侣相处时，要懂得接受和允许他们与众不同的想法，不要以评价的方式来对他们的想法发表意见，这样只会让他们感觉你是在批评以及厌烦他们，并以此产生对你不满的情绪。同时，他们对批评敏感，你任何带有评价意味的言语，都会对他们内心造成很大伤害。因为你的评价被他们解读成自己被误解、被厌烦并有可能被遗弃，而这恰恰触及了他们的深层恐惧。所以接受他们、包容他们，特别是包容他们在行动力上出现的动力不足的情况,不要强迫他们改变节奏以配合自己。因为你要懂得,他们的行动力不足,是因为细腻而敏感的情感并经常沉浸在情感世界中造成中,看似在行为上他们没有做什么,但他们的内心和思想上是十分活跃的,且这份活跃本身也是 4 号人格的行动。他们亦会因这活跃的感受精心设计各种浪漫的情景来感动你。所以,你要欣赏、享受并感谢 4 号伴侣为你精心制造的一个又一个浪漫的氛围,一起分享这份甜蜜状态的幸福。

● 与 4 号伴侣相处时,要包容他们的情绪反应,特别是他们因为细小事件或无端的环境变化而引发的情绪上的大起大落的表现。给他们以理解和关怀,让他们感受到你对他们的宠爱(满足宠爱也要的内心渴望),要给他们一个安全的空间和时间,让他们去细细体会内心的情感,并有机会抒发和表达这份情感。要时刻保持一份冷静、中立的态度,特别是在他们情绪波动的时候,不要受 4 号伴侣情绪上的起伏影响,甚至自己也陷入了他的情绪旋涡中不能抽身,从而导致双方都纠结于情绪的恶性循环。因此,当 4 号伴侣情绪激动时(无论好情绪还是坏情绪),你要更多地聆听他们的情绪表达,即便引起他们情绪的事件再小,他们感受到的情绪也就是对事情的感觉,是非常真实且强烈的,所以,等待他们的情绪感觉退去之后,再让他们看到事件本身的意义,并帮助他们转换解读事件的视角,帮助他们建立积极的、乐观的态度,以有效防止 4 号伴侣过分情绪化。

● 当 4 号伴侣心情低落的时候,不要以言语追问原因的方式来表达你对他们的关心。这样的询问只会让他们感觉你根本没有关心他,因为在 4 号看来,如果你真的关心他,就应能够细腻地感受到他们情绪低落的原因,并懂得以合适的方式来呵护他们。所以,此时真正有效的关爱方式,反而是默不作声,静静地陪伴在他们身边,并以无声的行动来表达你对他的关心,如为他送上纸巾、倒一杯清茶等,传递你对他的理解,并相当于给他一个独处的时间和空间让他慢慢体味这份心情,然后自己

第四章 用真心收获真爱——九种人格的爱情特征与相处方法

走出来（满足了他们自由也要的内心渴望）。4号伴侣此时也会是静默不语，因为他们真的沉浸在自己体会或想象的世界中感悟人生。所以，你安静的陪伴，就已经是最佳的关爱和安慰他们的方式了。此时切忌离开他，因为任何情况下你的离他而去，都会让他们感觉自己被遗弃，并因此受到伤害，很有可能让双方都陷入越行越远的僵局当中。

第五节 5号伴侣的情感特征与相处要略

5号伴侣的情感特征及关系焦点

● 5号伴侣很少在情感交往的时候主动表达情感，更不用说甜言蜜语的温柔体贴了。因为他们本身对于情绪、情感的拒绝态度以及一贯的冷静、客观表现，很难让身边的伴侣感受到他们的关爱，虽然不会像生活和工作中的冷漠感那么强烈，亦会觉得他们的冷冰冰，似乎对情感根本不那么在乎，给人一种在情感中"心不在焉"的感觉。与此同时，他们对于自己的伴侣主动表达的爱意以及关爱行为，也只是被动接受而已，

很少表露出感激或喜悦的状态，不过，其内心还是体会到了这份爱意的，只是太过冰冷的状态隔绝了内心的爱。另外，5号伴侣由于平日里太过于关注对学术的钻研，导致他们很少关注对方情感上的需要，也很少问及对方的感受，再加上他们对家务事的不屑，导致5号伴侣给人一种无视对方存在的感觉，让人觉得自己不过是他们生活中的一个可有可无的元素而已。

● 由于5号伴侣客观、冷静的特质以及淡然的情绪状态，特别是他们忽略身边环境的态度，导致他们很难留意到你精心安排的浪漫气氛，也很难懂得享受你为他们策划的生活惊喜，比如生日派对、烛光晚餐等。同时，他们亦会觉得这些浪漫的气氛及惊喜不实际并且浪费钱，因为他们本身对物质生活要求不高，亦不喜欢看到伴侣不懂得节俭。5号伴侣不太懂得处理家中的事物，对于琐碎的家务更是不屑一顾，甚至当你收拾家务，把东西摆放妥当之后，他们因为找不到自己随手摆放的物品特别是书籍而抱怨你乱动他们的东西。当然，对于家中出现了什么物品短缺或电器损坏等情况，他们也不会留意，更不用说主动处理了。不过，他们能够欣然接受你安排给他的家务劳动，但仅限于在家中就能够完成的事物，比如打扫卫生、收拾东西等，对于那些需要外出并要与人接触的活动他们就显得比较为难了，比如缴费、购物等，因为他们不喜欢与过多的人接触。

● 5号伴侣比较喜欢安静的环境，他们在家里也很少说话，特别是那些家长里短的话题，他们往往只是随声附和简单应对，如果你继续与他谈论他甚至会起身离开，去另一个房间，以此避开这些无意义的对话。但如果你与他们谈论与学术有关的话题，他们就会兴致勃勃、高谈阔论了。他们喜欢独处，在自己的空间里享受安静以及静心研究学习的乐趣，与你在一起的时候也是书不离手，边看书边与你沟通的状态，有些时候真不知道究竟是书重要还是陪伴对方重要。另外，5号伴侣不喜欢参加你与朋友的聚会，即便为了满足你而参加，大多时候也是安静地在某个角落坐着，也许他们会翻看朋友家中的书籍，或是自己带上书籍到聚会场所阅读，不懂得主动与人交流，给人一种不属于这里的感觉，亦因此有可能让身边的伴侣觉得尴尬。当然，5号伴侣也不会把自己的朋友介绍给对方，因为他们对朋友分类的缘故，不喜欢让自己的爱人混淆在朋友的行列之中，认为这样一来就会让关系复杂不好处理，亦会因此给爱人造成一种神秘感。

与5号伴侣亲密关系相处要略

● 5号伴侣非常希望你能够欣赏他们的才华，所以你可以投其所好，共同参与他们正在研究的课题或感兴趣的学术话题，以此作为与他们进行情感交流的资源，也会因此多一些与他们相处时的共同语言。你在学术方面与他进行的沟通，也会让他们感受到把所学知识分享出去并得到共鸣的充实感。要鼓励5号伴侣多多采取行动，不要过分沉浸在自己的空间里思考和分析，多多行动，以亲身体验生活的方式一方面印证所学，一方面感受生活中的各种情况，以此懂得真正享受生活的释然。另外，要懂得他们需要独处的空间并不是对你不在乎，他在思维上完全享受独处的感觉，但在与爱人的关系上还是渴望能相伴左右的，甚至有些时候他们的独处就是在思考如何与爱人更好相处。所以，你要满足他们需要独处的需求，给他们一些私人空间。

● 与5号伴侣相处要懂得，他们虽然不善于表达情感，但内心仍旧渴望伴侣的关爱，因此多一些精力放在照顾他们的日常生活中，帮助他们打点日常生活包括个人形象，让他们不为生活琐事分心，他会觉得你真的在为他创造安全的独处的家庭环境，当然，不要一味地独自承担家务，那些不需要与人相处的家务活动，5号伴侣还是非常愿意接受你的安排的，并且真的会认真做好，因为他们认为这是自己应尽的本分。除了家中的重大决定以外，不要事事都去找他商量，他对家中琐事根本就没有兴趣，相比较于研修学问来说，油盐酱醋对他们太不重要了，即便是大事,他们也只是参与并发表意见为主,最后的决定往往还是需要由你做出。所以,发挥他们善于分析的优势(也是他们的兴趣),收集做出决定的各种资料,根据他们的分析做出自己的决定,是有效与5号伴侣处理生活事件的方式。

● 当在生活中出现意见不合时,切忌以情绪化的方式与他们沟通,这样只会让他们更加远离你,因为他们一旦遇到情绪障碍,便会以退回自己独处空间的方式来回避,一方面是逃避你当下的情绪,另一方面他们也需要在自己的空间里安静、客观地思考和分析,系统化地得出"道理"并预计与你再次讨论。所以,与其让他们以逃避的方式对质意见不合,还不如有效地处理自己的情绪,以冷静、客观的态度和他们进行"理"论,这是更为高明的争执方式,切记不要让自己被他们平淡如水的状态气急就可以了。这样也会为5号伴侣营造一个绝对安全的环境,让他们有勇气表达内心真正的想法以及对情感的感受,同时也会让他们懂得学习体察别人的感受和自己对情感的需求。

第六节 6号伴侣的情感特征与相处要略

6号伴侣的情感特征及关系焦点

● 6号伴侣一旦认可自己的爱人或者说他们决定与对方步入婚姻阶段,他会是一位绝对忠诚的伴侣,同时也会是一位绝对忠诚的朋友和支持者,他们一定会把自己的伴侣放在第一位,只要伴侣的理想或要求明确,6号伴侣一定会尽心竭力地为了实现伴侣的理想或目标而付出一切,甚至是放弃自己的追求。而他们对自己的伴侣也会非常依赖,并且认为是自己生命中第一依赖之人,任何时候他们都渴望得到伴侣对自己想法的支持,并把这份支持看作伴侣对自己忠诚的表现。另外,他们非常喜欢与自己的伴侣有机会经常在一起,但有些时候又担心因为距离过近而被伴侣控制,并害怕自己在伴侣面前暴露出脆弱的一面而被厌烦,从而

失去对家庭的安全感,即便关系再深厚他们也会有此担心。不过6号伴侣对家庭的责任和忠诚是不用担心的,他们一定会忠于家庭,并时刻维护,不容侵犯,但有些时候过分地循规蹈矩,亦会让伴侣觉得"理"太多。

● 6号伴侣本质中的怀疑和不安全感,会导致他们经常需要确定自己的爱人对自己的爱是否属实,并且需要爱人的不断表达和行为上的表现来印证,偶尔他们还会以试探的方式来判断自己爱人的忠诚度,以暗示性询问的表达态度来寻求所谓的真相或事实并以此收获安全感。同时,6号的多疑还让他们总是猜测伴侣行为背后的动机或想法,有些时候甚至是胡思乱想地臆想伴侣行为背后是否有什么暗示,导致一些时候他们太过于敏感,并为很多细节情绪发作,发生争执,他们会以逻辑的方式对这些无端争执分析出很多"理"来,并以梳理的方式来与爱人"理论",让双方更为感受不到情感的表达而陷入过分争执的境地中。久而久之,这争执一定会触动6号伴侣内心深处的不安全感,并因此产生爱人不忠于自己的判断,此时,他们在人际关系上两极分化的态度就会表现出来,有可能与爱人分手。

● 6号伴侣追求安稳的生活状态，因此他们总是以脚踏实地的方式来构建家庭环境，凡事都希望以低调、平稳的态度对待，并希望真的能够因此而万事稳当，他们更喜欢安于现状，不喜欢因为追求某些改善而导致大起大落的生活。同时，这份追求安稳的态度也让 6 号伴侣渴望能够了解、指导爱人生活中的一切，并且希望爱人能够主动、详细地告诉自己，他们最渴望自己的爱人能够主动、彻底地告白自己的内心世界，亦会把这份告白看作最忠诚的表现，因此，有些时候会让人有一种过度操控的感觉。另外，这份对忠诚的态度，也会让 6 号伴侣容易嫉妒和小气，特别是当他们认为自己的爱人不够坦白的时候，更会以讽刺、挖苦表达自己的情绪，让人很不自在。

与 6 号伴侣亲密关系的相处要略

● 与 6 号伴侣相处要懂得以坦诚的态度来对待他，凡事主动、直接与他沟通，以简洁、明确的言语向他表达情绪、情感，不要有任何事对他隐瞒。当然，在表达上也不要采取暗示的方式，或表现得欲言又止，他不会觉察这是你在以暗示表达内心的感受，只会认为你可能对他有所隐瞒，并用询问来印证你对他的爱是否属实。所以，要多以直截了当的方式肯定自己对他的爱，要懂得他们内心渴望被自己爱人肯定、关爱，这一要求是他们安全感的来源，所以，你的言行要一致，可以避免他们的疑心，又可以传递一份忠诚于他的安全信息，他们亦会为了这份安全感而更加愿意为你付出的。

● 对待 6 号伴侣要有耐性，不要对他们过分担忧而行动力减弱的行为表现得不耐烦，更不要表达你认为他们的担忧是多余的。你要懂得以包容之心来接纳他们的恐惧和担心，让他们感受到你的接纳和认可，并以此给他们一个安全的环境，让他们能够表达内心的情感，有勇气面对自己内心的脆弱。另外，你要经常对他们的小成就和任何一个追求自己梦想的计划，给予肯定以及鼓励，这些肯定和鼓励能够帮助 6 号伴侣建立自信，并能够以这份自信增强他们的行动力，不再因过分关注各种可能的负面情况而陷入无休止的分析和逻辑梳理中，反复顾虑行动的后果而不采取行动。要知道，爱人的支持和鼓励是6号伴侣最渴望收获的支持感，这是他们的坚实后盾并能因此得到行动的力量和信心。

● 要经常创造机会与6号伴侣共同参与一些轻松、快乐的活动，无所谓户外或室内，关键在于你能够陪伴他，一方面这会鼓励他们有勇气采取行动，并因此收获行动后的成就感，增加自信，并真正能够在活动中放松自己焦虑、紧张的情绪；另一方面也会因为陪伴，让6号伴侣感受到自己爱人的关爱和支持，并收获一份爱人与自己共同进退，同甘共苦的忠诚以及安全感。另外，在轻松、快乐的环境下亦会让6号伴侣关注到自己内心对安全感的真实感受，让他们体会到真正的安全感源自自己能够体察到当下已经存在的轻松、快乐的感觉，而不是关注到风险并解决才可以收获安全。这也是作为伴侣的你能够带给6号最真实的安全感。所以，无论是恋爱交往还是婚后生活，能够多一些时间与6号伴侣共同相处、一起活动，是最有效地构建和维护双方亲密关系和安全感的方法。

第七节 7号伴侣的情感特征与相处要略

7号伴侣的情感特征及关系焦点

● 7号伴侣在日常生活中会绞尽脑汁、费尽心思地安排各种好玩、新奇、刺激的事情，并以这些新奇、刺激的事情来赢取你的喜欢，当然，他们也希望能够与你一起亲身体验各种新奇、刺激、好玩的事物，在这些体验中来感受彼此内心的快乐，并把这份快乐看作是爱的关键。他们怕闷的个性也让7号伴侣非常注重生活中的情趣，亦希望你也能够懂得他们追求快乐、关注情趣的特质，并以实际的行动和他们一起享受这些情趣。他们需要与你共同体验快乐，以避免内心体验到紧张和由此带来

的双方关系上的沉闷及有时略显单调的生活。

● 7号伴侣希望你能够懂得欣赏他们的灵活思维,以及勇敢创新、求变的特质,他们依托这些特质策划和布置两个人的情感生活,所以,他们经常在生活中有很多"点子""主意"并要求你配合他的这些创意,有些时候给人一种古灵精怪的感觉。但如果作为伴侣的你不能理解或跟不上他们跳跃性的生活节奏,或对他们的幽默以及鬼主意表现得不耐烦或有太多负面的情绪,7号伴侣内心就会产生一种抗拒你的感觉,因为他们已觉得你的态度本身就是一种沉闷或压力,并因此与你产生距离感。另外,7号伴侣不喜欢你在生活中过多地限制或管束他们的想法及行动。特别是对他们追求自由以及选择体验各种生活可能的负面态度非常反感和抗拒,若你因此和他们发生争执,他们不但不会与你理论,更会以逃避的方式来避免与你接触,同时,自己仍旧去选择那些快乐、新奇、刺激的体验。

● 由于7号追求各种生活体验的特质，导致他们的社交圈子很广，身边总是有很多朋友，他们亦会非常喜欢和这些朋友相聚，并乐此不疲。他们率真、灿烂的个性亦会让人有一种无论和谁相处都亲切、热情、谈笑风生的感觉。当然，作为伴侣的你就要懂得他们并非"交际花"或"变色龙"，这正是他们天真灿烂的个性表现。只是他们追求新鲜感的内在驱力，确实容易让7号被新异性所吸引。但要注意，这份吸引并不意味着他们就打算开始一段新的感情，大多数时间他们只是被新异性的某个以往自己没有体验过的特质所吸引，仅此而已。

与7号伴侣亲密关系的相处要略

● 与7号的伴侣相处，要懂得放手让他们尝试各种新鲜、有趣的事物，不要太过于要求他们时刻陪在你的身边，因为他们会把这份要求看作限制和管束自己追求自由的想法和行为，并因此会对你产生厌烦情绪甚至逃避。给他们一个独处的时间和空间，让他们有机会安静地放松自己，并以此给自己充电，同时，这份自由感会让7号的伴侣感觉到你对他们追求自由的理解和包容是因为爱他们，他们会为此非常感激，并因为这份感激而反省自己以往对你的忽略，反而会多拿出一些时间来与你相处。同时，这份空间和时间，也是7号许下一生一世的爱情诺言所必需的前提。他们需要相对长的时间来，面对自己害怕婚姻生活沉闷的恐惧，并彻底战胜这一恐惧才能真正做出钟爱一生的承诺。所以，包容和等待是最好的与7号伴侣相处的方法。你越是逼迫，他们越是让他们因为感受到这份逼迫的压力而远离你。

● 对待7号伴侣要像对待一个永远长不大的孩子一样，体谅和欣赏他们的天真率直，包容和支持他们的各种想法，以这种方式来表达你对他们的支持，以此给7号的伴侣营造一份安全、轻松的环境，让他们有机会在你营造的安全、轻松环境中体验舒适快乐的感觉，并以此反省自己对生命快乐感觉的追求，会因为感受到你的支持而做出最终的承诺。

他们非常喜欢温柔、体贴的呵护与关怀，并会欣然接受以此种方式表达的各种建议；相反，讲说生硬、冰冷的道理，只会让他们感受到被家长管束一样的压力，并因此抗拒或逃离你。

● 在与 7 号伴侣相处时，要主动表达内心的感受及对情感的需要，否则，他们会因过分关注并追求自己的快乐，忽略掉为了配合他的节奏已经身心疲惫的你。同时，在表达内心感受以及情感需要的时候，亦要注意用温柔、轻松的口吻和态度进行沟通，切忌批评或抱怨的态度，否则不但得不到 7 号伴侣内疚的回应与爱的关怀，反而还容易让双方陷入争执或冷战的境地。另外，你要懂得多多鼓励 7 号伴侣主动地表达内心不愉快的感受，不要因为害怕面对压力或恐惧，就以压抑它们的方式来维持表面的快乐，采取实际的行动，陪在他们身边，帮助他们勇敢地面对那些一直以来回避的问题，并支持和协助他们采取行动真正解决这些问题，冲出困境，收获内心真正的快乐和喜悦，这是收获 7 号忠贞挚爱的关键。

第八节 8 号伴侣的情感特征与相处要略

8 号伴侣的情感特征及关系焦点

● 8 号伴侣在生活中会主动承担家庭责任和保护对方不受环境压力，更不用说是被他人欺负了，亦会因此对伴侣非常慷慨，总是能够满足对方的各种物质上的要求，也会经常购买一些礼物赠送给对方以表达自己的爱意。同时，他们关注大事的本质，也会让他们为家庭制定长远的发展目标，这些目标都很具体实在，如"买车、买房、要有多少存款、移民"等，并且一定会努力让目标实现。但具体实现的时间有可能在订立之初就不甚明确，这也是 8 号不拘小节的特质造成的。另外，他们身边朋友很多，因为他们够义气、重情义的态度，导致他们可能会经常身陷各种朋友的事务或应酬中，从而很少能有时间真正陪在爱人身边。但他们不喜欢爱人因此而抱怨他们疏于关照家中事务,他们会觉得对方限制和管教自己,不过8号伴侣却喜欢以制定家中规矩的方式来控制自己的爱人,以维护自己在家庭中的威信。

●8号伴侣在与对方相处时亦会以直截了当的方式和豪爽态度对待对方。这让他们在双方发生争执或冲突时,直接以愤怒的情绪,大声呼喝地与对方争吵,并一定要以对方在态度上的认输作为停止冲突的条件,否则无论你在行为上是继续争吵还是逃避不理,他们都会继续找你吵个不停,这也是他们内在的战斗态度导致的。不过一旦争吵过后,8号伴侣又会马上对爱人呵护体贴,甚至是赠送礼物来宠爱对方,一副完全没有发生争吵的状态,在8号伴侣看来,这才是真正与自己爱人相互交流的方式(爱人之间更无须虚情假意),但亦会因此而忽略对方的感受。同时,8号伴侣强硬的行为风格,以及他们内心抗拒表达情感的态度,导致他们很少用甜言蜜语呵护对方对情感的感受,亦认为这些甜言蜜语就是虚假和内心软弱的表现。在8号伴侣自己受到伤害或经历挫折的时

候，也会因为这份硬朗的态度而不愿表达内心的苦闷，他们总是担心一旦示弱就会破坏自己构建的威严和强势，并有机会让别人觉得自己好欺负，进而担心让身边的爱人厌烦自己。

● 8号伴侣会很专注于自己所追求的大事情之中，因为他们需要通过大事情的成功体会主宰生命的成就感。因此，有可能会忽略伴侣内心的感受及是否能够跟上自己的步伐。如果伴侣不能主动表达自己的喜好及要求，8号伴侣就会将他们的沉默看作默认并接受自己的想法和追求，并要求对方一定要支持和配合自己。当你因为他们对你内心感受的忽略而埋怨他们时，8号伴侣根本不会理睬或采取行动安慰你，因为他们内心始终抱有一份"人都应该自己争取自己想要的一切"的态度，会让他们觉得，既然当初没有对自己的决定表示异议，那么现在也不应该抱怨，这一切都是自己选择的，理应独自承受。此时，如果你继续和他争执，他便会觉得你不忠于他（8号对忠义的态度，一旦认可，赴汤蹈火也要坚持到底），并因此以极端的态度来对待你。

与8号伴侣亲密关系的相处要略

● 与8号伴侣相处时，要懂得欣赏他们的勇敢及保护弱者的正义感，以实际的行动向他们表达你依靠他们的感觉，让他们能够感受到：你对他们的需要才是对他们欣赏的最好方式，那些甜言蜜语对他们效果很差，甚至会起到副作用。如果要让8号伴侣关注到你的需要，采取直接坦白的方式告诉他就可以了，否则他们对于细节的忽略以及平日里不拘小节的态度，很难觉察到你拐弯抹角的表达或言行上的暗示。另外，你的一切事项或行动最好也能够主动地向他们坦白，无须你解释或详细描述细节以及理由，只需告诉他们你要做什么就可以了，他们虽然不关注细节，但是他们更不喜欢你对他们有所隐瞒，并会把你的隐瞒视作不忠的表现。所以，凡事坦白、明晰地告诉他们，是与8号伴侣相处时的基础。

● 在与8号伴侣沟通交流时，切忌用生硬的、教导一样的口吻，如果你想要求他们为自己做一些事情，最好采取一种无意般流露出来的方式来表达，让他们感觉你并没有在命令或吩咐他们做什么来满足你，而是用心听到了你无意间的自言自语，然后精心为你采取的行动。这样既满足了自己内心的需要，又让他们能够很快乐地接受，不会因为你吩咐似的语言而感觉伤害了他们的威严和强势。但要注意，你的"无意般的需要流露"，亦要把需要明确地表达出来，不要用暗示性的话语。当你要向8号伴侣表达你的反对意见时，不要使用直接对立的语气或生硬的态度，虽然他们喜欢直截了当，但对于他们想法的反对，亦要懂得以温和、委婉的态度来表达，否则，他们只会觉得你是在向他们宣战，并会毫不介意地与你展开争论。所以，以一种自己不明白他们的意思的态度，以向他们发出请求的方式，要求他们把想法澄清或把问题说明白，同时，在他们讲解时把你的意见以肯定他们的方式融合进去，是有效地向他们表达意见的方法。记住，8号是"受软不受硬"的人。

● 当8号伴侣发脾气时，不要正面对抗他的愤怒，这样只会让他们更加以战斗的方式与你争吵，并以打败你为保持自己威信的方法。转变你的态度，首先不予回应他的愤怒，等待他情绪宣泄过后，再和他慢慢沟通你的想法。不要太在意他们发脾气时说的一些难听甚至伤人的话，那些话只是他们一时的情绪所致，并不是他们内心的真实想法，他们只是贪图一时言语之快而已。所以，冷处理他们的愤怒，不但可以有效地缓和他们的情绪，亦会让他感觉到你对他们的尊重，同时待他们情绪缓和之后，要主动向他们示好，他们爱面子的内在驱力，会需要你主动为他们创造一个放下强势态度的台阶。同时，你的这种态度和表现，会让他们觉得，无论在你面前表现得强势还是脆弱都会是安全的，你不会因为他们展示脆弱的一面而厌烦他，虽然8号对他人的感受不敏感，但是却对自己内心的脆弱非常敏感，很容易便会触及内心的恐惧而变得脆弱，因此，亦会需要爱人体贴和关照他们内心的脆弱，并让自己有机会卸去武装，在家中彻底地放松心灵。

第九节 9号伴侣的情感特征与相处要略

9号伴侣的情感特征及关系焦点

● 9号伴侣渴望与爱人之间构建一种融洽、和谐、深厚的情感联结。因此他们会非常支持自己爱人的想法、决定以及梦想，并且会产生一种同化自己的态度，以爱人的梦想或兴趣为自己的追求，同时也会陪伴自己的爱人去从事喜欢的事情。当遇到彼此意见不合的时候，9号伴侣因不愿面对纷争和冲突的特质，会让自己以回避纷争并接受和顺从爱人观点的方式来化解不合。同时，他们也会用"多一事不如少一事"来开解自己回避冲突。同时，也因为9号不愿改变习惯的生活状态，让他们仍言听计从，避免为意见不合而导致感情的各种变化，9号是很难放弃一段感情的。

● 9号伴侣在情感交往中，很少主动表达自己内心的想法或感受，但他们对爱人的需求和感受却会格外关注和敏感，总以附和和跟随的方式陪伴在爱人左右，并支持和关爱对方，也会因此让自己缺乏主见，凡事都以爱人的想法和决定从事。当你问他意见的时候，他们总是以"无所谓""随便吧""都好啊""你做主吧"等回应你，并且真的等待你为他们做出决定。因为他们更加希望能够满足你的喜好和想法，并把自己能够满足你作为构建和维护双方和谐、融洽关系的方式，内心总有一种声音在说："只要爱人喜欢就是我自己喜欢。"另外，9号伴侣很少主动说一些甜言蜜语讨好你，也不会刻意制造一些惊喜来感动你，他们追求一种平衡、稳定的相处状态，因而也会对你刻意安排的生活惊喜没有太大的反应，这也是他们在快乐的时候也不过是微笑多一些的反应特质造成的。所以，你会觉得与9号伴侣一起生活会少一些激情。另外，9号伴侣平日里最喜欢做的事情是懒洋洋地在家里待着或者睡觉，最多看看电视、光碟。他们更加喜欢一种被动的、平淡的休息状态。

第四章 用真心收获真爱——九种人格的爱情特征与相处方法

● 9号伴侣对双方和谐、融洽关系的追求，使他们平时多以忽略自己感受或需求来压抑自己的情绪、情感，当然，他们会因此很少与爱人发生冲突，甚至从未发脾气。但是过分压抑内心的情绪、情感也会让爱人感受不到自己的需要，同时，一味地跟随会让自己慢慢地被爱人忽略掉，这时候就触动了自己害怕被身边人遗忘和忽略的深层恐惧，并会因此彻底爆发情绪，这时候他会把一直以来压力、积累的情绪，完全地、一股脑地爆发出来，再加上9号"心中心"的特质，让他们会把过往内心感到不平衡的很多情况都拿出来作为证据或资料，以此申明自己的委屈，但由于他们说话时不会突出焦点的特质，让人很难明白，在这份爆发的背后，他们究竟需要的是什么。让人有一种既内疚却又不知所措的感觉。

● 9号伴侣在面对自己不喜欢做的事情的时候，也很少直接以正面提出反对意见，他们会表面上接受，但以拖延和不作为的方式来抗拒对方的要求，或以阳奉阴违地来对待当下的环境，内心仍坚持自己的想法，并且行为上保持着自己已经习惯的状态。虽然你因为他们的拖延行为而不耐烦，甚至会询问他们真正的想法或意见，但是他们仍不会正面表达自己的观点，给人一种"无理固执"的感觉。一方面，他们不愿意因为自己的意见而让双方产生争执；另一方面，更为重要的是，9号伴侣希望你能够理解他们内心真正的想法，而直接采取行动调整自己来支持他们。另外，9号伴侣也非常希望自己能够始终陪伴在爱人身边，他们形影不离的跟随有些时候会给人一种过分依赖的感觉，久而久之反而会让人觉得这份依赖是一种无形的压力。

与9号伴侣亲密关系的相处要略

● 与9号伴侣相处，要懂得感激他们为了支持和爱而做出的牺牲和顺从。同时，要鼓励他们勇敢地表达自己的感受和需要，并支持他们去做自己喜欢的事情，哪怕这些事情是你不喜欢的，也不要批评或给他们任何建议，因为这些意见都会被9号伴侣认为是你的观点，会再次为了双方的和谐而听从于你。这并不是你真正想要的局面，所以发自内心地尊重9号伴侣的选择和行动，给予他绝对的支持和鼓励，与他们一起享受实现梦想的快乐，是真正表达你的理解和关爱的最好方式。另外，不要强迫他们去面对自身的问题，不要用理性、冷静的态度和口吻与他们以梳理的方式进行沟通。最好的方式是鼓励他们能够勇敢地面对问题，然后，以支持、理解的态度，以不会与他们分离的行为方式，与他们一同分析各种情况，陪伴他们面对问题，这样才会让9号伴侣感受到安全。你不抛弃、不放弃的态度和行为，也会让他们感受到爱给自己带来的力量，并激发出他内在的动力，推动他们采取行动解决问题，收获彼此的和谐与融洽。

● 与9号伴侣相处，要懂得他们注重平衡的生活状态的内心需求。不要太过于以物质的方式来讨他们的欢心，他们也不会为此而表现得欣喜若狂，反而还有可能认为你是一个不懂得细水长流的人。要令9号伴侣开心，不需要太铺张，或者费尽心思去制造浪漫或惊喜，你只要能够有更多的时间陪伴他，与他一起做一些平静的休闲活动，甚至就是陪他一起休息，比如看看电影、在家做一顿简单的晚餐、一起享受这一刻的平静与温馨，就足够了。在面对9号伴侣不开心的时候，要鼓励他们表达出内心的感受，当他们真的开始倾诉的时候，切记不要马上给出各种建议和分析的方案，因为这些只会让他们感受到压力，有可能为了回避压力而停止表达。你要耐住性子，用多一些的聆听、微笑、点头、眼神的交流等，传递给他你在认真地聆听并能够理解和感受到他们内心的委屈，让他们觉得自己正处在被你关爱、呵护的环境里，并能够继续宣泄情绪。能够让他们把事情表达出来就已经让9号伴侣耗费了大量的能量，如果再加上你的各种分析和建议，只会让他们感觉到自己还未准备好采取行动，并懊恼自己因倾诉而造成了你对他们行动上的要求（相当于让他们改变生活状态），并产生压力感。真正帮助他们处理情绪的方式，就是聆听他们的情绪宣泄。

● 与9号伴侣相处，要懂得理解他们的"没有主见""难以选择"实际上是他们善良和包容一切的一种方式，并以欣赏和感激的态度来对待他们的善良和包容一切的态度和行动。同时，不要因为他没有主见就忽略他内心的感受，应该主动地征询他的意见，并多些耐心等待他的表达，同时要留意他暗示性地表达内心感受的信息，从中发现自己可以为他的需要而主动做的事情，满足他渴望被理解和关爱的内心要求。要想帮助9号伴侣做出决定，一定要以不带任何使令意味的语气，帮助他们澄清内心的需要，与他们一起分析并排除他们不喜欢的事情或元素，筛选出他真正喜欢或需要的事物，最后做出真正满足需要的选择。

第五章　慧眼识人——九型人格鉴人识人技巧

在阅读了前面四章内容之后，各位朋友已经了解了什么是九型人格学说，并且分别从人格特质本身、职场环境中的表现及情感交往中的行为与焦点三个方面，感受了不同人格类型在生活的不同方面所出现的行为特征及这些行为背后所蕴含的信念、动机和情感。但是，就像本书开篇时所讲的，文字的表达终归会出现标签及行为描述的暗示效应，导致大家在阅读前面四章时，心中出现一种迷茫的感觉：似乎每个人格类型号码的特征里，都有一些元素在自己身上出现。当你对某一个人格类型非常有感觉、认为终于找到了自己人格的编码时，因为阅读了后面的章节，又发现自己也有共鸣，便慢慢地又失去了定位自己的方向。

其实，当你对很多号码都有共鸣时候，就已经再次陷入人格标签含义及行为特征描述对自己的暗示和混淆效应当中了。每个人格类型号码当中，确实有一些在描述上相近的地方，这是由文字及语言在表达上的匮乏造成的，也是朋友们在阅读兴奋的同时，忽略掉透过文字去觉察行为背后的信念、动机和情感的阅读和思维习惯造成的。这也是本章要解决的问题。

如果你现在正在为自己具备很多人格类型的特征而感到困惑，那么就请细细阅读和体悟这一章中所详细、深入的表述各种人格类型在人格特质本身、职场、情感三个层面上相同特征背后所蕴含的完全不同的信念、动机和情感，并感受由这些不同所造就的每个人格类型相近的行为背后与众不同的感觉与气质。

希望通过本章的阅读与感受，帮助朋友们进一步觉察自己内心的本质，并定位真我的位置。

第一节 1号人格的核心与识别技巧

1号人格与2号人格的相同之处		1号人格与2号人格的核心差别	
		1号	2号
人格特质本身	帮助他人，想让身边人生活得更好	好与坏有自己内心的标准，并把世界更美好作为自己的使命，同时用内心的标准和原则指导他人，要求他人以自己的行为方式处事，并认为这是为他人好的	帮助他人本身就是自己的事情，没什么原则和标准，只要对方有需要自己就会马上觉察到，并主动采取行动关怀和帮助他，以成就他人之事体现自己存在的价值
职场中的表现	亲力亲为、亲自教导、勤奋尽责地工作	因为放心不下他人的工作，担心出现纰漏或者不满意他人工作的表现，总认为自己的标准才是对的，是最完美的，因此通过亲力亲为的方式来保证完美工作的呈现，同时也以事实证明自己的标准和原则是对的。另外，1号勤奋尽责原本就是自己做人的标准和工作原则，不容违反	因为过于关注他人的需要，并把帮助他人完成工作当成自己的成就，因此，总是主动帮助他人完成工作，指导他人的时候，也是以完全投入他人工作并亲自完成的方式来教导，结果往往是自己承担了所有工作。由于身边人对自己提供帮助的感激，2号产生一种被团队需要的价值感，并因此勤奋、尽责地工作，继续帮助他人获得成就
情感中的行为	压抑自己的感受以及情绪的表达	认为内心出现负面情绪本身就是一种不完美，若表达出来就会让他人发现这份不完美，这是自己不能允许的，压抑的方式来避免自己负面情绪的表达。同时，因为过度关注他人是否符合自己的标准，并不断地教导他人以证明自己是对的，而忽略了自己内心的感受	过分关注他人的需要，敏锐觉察他人的感受和需要，并主动采取行动关怀、满足他人为自己表达爱的方式。过于迁就对方、改变自己而忽略内心的感受。同时担心一旦表达内心的需要就会被对方厌恶，从而让自己感受到不被人需要的恐惧，因此压抑自己

	1号人格与3号人格的核心差别		
1号人格与3号人格的相同之处	1号		3号
人格特质本身	注重自己的形象，追求"事实证明我是对的"	用在现实中可以有据可依的标准来要求自己，保持一份中规中矩的完美形象。对形象的态度不仅局限在外表，更注重自己整体的完美气质。另外，1号是以不断发现他人的错误并教导对方来证明自己内心的标准和原则是正确的	注重自己光鲜的形象，一定要符合当下自己的身份、地位、收入等，力求夺人眼目并留下良好的第一印象。通过充满自信的行动，证实自己能够实现目标的实力，并希望得到他人的认同与赞赏。正确与否的道理不重要，关键在于能否有效果
职场中的表现	拼搏进取，注重效率	拼搏进取是自己的工作原则和行为标准，不能违反，对于效率则以内心的原则为对人对己的标准，只有过程中的一切都达到标准，才是完美，所以，事先用大量的时间制定标准和教导他人，亦是对效率的追求	拼搏进取是为了实现自己定下的目标，通过拼搏的行动和态度来与他人竞争，证明自己的实力。对于效率的态度是在单位时间内能够完成尽可能多的事情，绝不愿意为了某些道理或标准而耽误对工作结果的追求
情感中的行为	情感薄弱，压抑情绪的表达	喜欢用量化的、条理性的方式来表达情感，并且强调在情感中双方"应该"与"不应该"的责任和行为，以过分理性和原则的态度来压抑情绪的表达，并认为对方应该理解自己，并尽到责任。同时，总是以指导或批评式口吻来督促对方改善，很少注重情调的表达，也让人觉得不解风情	认为在语言上对情感的表达都不够实际，喜欢用行动表现自己的情感，认为爱是以行动来证明的，而非甜言蜜语表。为了赢得对方的欢心，懂得以改变自己的形象来讨好对方，亦因此而停留在这份讨好的形象中，忽略自己真实的情绪感受和表达

1号人格与4号人格的相同之处		1号人格与4号人格的核心差别	
		1号	4号
人格特质本身	觉得自己不够好，有一种自卑的情节	当自己没能达到内心的要求和标准时，便会产生一种不完美的感觉，并会因此内疚、自责，更加追求完美的表现，但视角却集中在自己总是不够好的负面评价上。同时也因为自己的过分教导，让身边人对自己产生一份厌烦，并因此更加重了对自己不够好的评价，自此产生一种自卑感	不需要外界的任何评价和回应，内心已经认为自己天生便失去了生命中的某个部分，并以此作为自己与众不同的评价，并总以这种态度来与他人比较，发现自己未能掌握的东西时，就会更加认为由于自己与生俱来的缺失而不配拥有那件东西，从而总是身处在一种自卑情结中，显得郁郁寡欢
职场中的表现	忽略他人感受，人际关系极端，不喜欢被误解并挑剔他人	总以挑剔和批评的方式关注他人的失误，总是来教导他人而忽略他人内心渴望被赞赏的感受。1号是非对错分明的原则让他们总是以帮理不帮亲的态度和行为对待身边人，给人一种关系极端的感觉。但他们不希望被误解自己太过苛刻，因为他们内心总是认为自己是为了帮助别人达到更好而挑剔和教导的	过分关注自己在环境中的各种情绪和情感，并希望在这份感受中自我陶醉，情绪的宣泄和表达也完全跟随自己的感受，毫无顾忌，因而忽略他人的感受和想法。对于身边的人，他们建立一种深层的情感联结，同事亦是朋友，如果感觉同事没能理解自己的与众不同便会冷淡相待，若是知己就会更加细致地体贴对方，可以说是一种对人不对事的态度。同时也希望身边人能够理解自己的情绪化和复杂经历，渴望被人关爱
情感中的行为	与对方比较，挑剔对方，忽略对方的情感需要	与自己的伴侣比较各个方面，包括出身、学历、经历等。一旦发现自己有一方面不如对方便会产生出自卑感，但若发现对方不如自己，便把帮助对方进步作为自己的责任，并总是以挑剔对方的错误来督促对方改善自己，把自己的原则和标准作为对方的需要，并因此忽略对方在情感上的要求	视角总是集中在伴侣拥有而自己未曾拥有的方面，并有可能羡慕甚至嫉妒对方，同时总会有一种自卑的情绪，认为自己不配拥有对方，从而表现为情绪化和以自我为中心。当对方不理解自己或询问情绪化原因时，就会以挑剔的态度对待对方，并认为自己不被对方理解，便以沉浸在自我世界的方式来回避，亦因此忽略对方的情感

1号人格与5号人格的相同之处		1号人格与5号人格的核心差别	
		1号	5号
人格特质本身	冷静,理性,注重分析,以思考为主导	以冷静的发现和整理各种原则和标准作为理性行动的方向,强调各种量化的指标,但不见得能够将这些原则和标准构建成彼此联结的体系,因此总是有很多的标准在过程中一个接一个地跳出来,这是他们在行动中根据环境的变化而冷静思考和分析各种原则和标准造成的	以冷静地探索事物背后的原理作为理性行为的方向,强调系统、条理性地构建事物与事物之间、人与人之间的关系,并将事物、人、环境都分门别类地划分,以条块分明的方式来对治环境中的一切。过于关注一切背后的原理,给人超越理性的冷漠感
职场中的表现	尽职尽责,任劳任怨,喜欢以文字化的分析作为证据资料来表明自己的观点	以自己认为的职责为标准要求自己,并勤奋地工作。对他人的不理解,会继续通过自己的行动来证明自己是对的。注重以数量化的资料作为表达自己想法或表现工作业绩的证据。文件中更为注重量化数据的引用,并结合语言沟通加以说明	根据职位的要求完成理应自己承担的工作,以默默耕耘的态度面对工作环境,很少主动发表意见及回应他人对自己的不理解,因为自己也不善于面对和处理这些情绪,因而表现得任劳任怨。非常注重数据与图表相结合,系统的分析,报告或资料也都是系统紧凑、图表数据清晰,并以此来代替言语的说明
情感中的行为	情感薄弱,不善于表现自己	以数据化分析的方式来表达自己的情感,很难给对方爱的感觉,更像是在列数字、摆道理,会有一种"算账"的感觉。	因为内心抗拒一切情绪、情感的体验,认为一旦面对情绪、情感就会失去冷静,从而无法客观地观察与思考,因此彻底拒绝一切情绪、情感的表达,给人一种情感冷漠的感觉

1号人格与6号人格的相同之处		1号人格与6号人格的核心差别	
		1号	6号
人格特质本身	冷静，理性，注重思考与分析	针对某一个问题，或当下正在发生、经历着的事情进行冷静的思考和分析，并寻找能够参考的资料或以往处理的经验作为依据和得出解决问题的方法。总结经验并把经验转化成新的原则和标准，指导今后的生活	从某一个问题出发，以逻辑的梳理方式，对与此有关的事件或问题进行全面的分析和思考，经逻辑推理得出最后的结论，并以这个逻辑结论面对今后的生活。更多时候焦点都是集中在收集负面的资料和证据来证实自己的逻辑推理上
职场中的表现	总是担心未来的工作过程会发生各种问题或风险	对未来的担心主要集中在害怕自己失误从而变得不完美，因此产生内疚和自责。担心被别人看不起以及误解，从而产生自卑感，所以始终严格要求自己不能犯错，给人一种缺乏自信的感觉	对未来可能发生的一切都有一份担心，因为自己对于环境中安全感的关注和追求，导致他们一定要把未来的各种可能都预料到，他们担心的并不是自己犯错，而是事情本身就是错的自己却没能发现，并因此陷入了处处是陷阱的危险境地中，给人一种怀疑一切的感觉
情感中的行为	强调应尽的责任与忠诚，关系极端	对家庭中应尽的责任非常关注，自己也会尽责地做好一切，对于伴侣也会如此要求；不过会觉得责任与爱是一回事，只要尽到责任，就相当于爱的表达。对于伴侣做错的事情绝不心慈手软，出于对事不对人的态度，一定会严厉地批评和教导，让人觉得过于黑白分明，不讲情理	一旦自己确定了与伴侣的关系，就会不惜一切只为了满足伴侣，并以此来表现自己对伴侣的绝对忠诚。他们对伴侣要求不高，只需要他们主动、坦诚地向自己说明一切。如果发现伴侣有所隐瞒或含糊其辞，都会在心底感受一种被欺骗的不安全感，并有可能对伴侣彻底失去信任

		1号人格与7号人格的核心差别	
1号人格与7号人格的相同之处		1号	7号
人格特质本身	积极乐观、不愿面对负面情绪	负面情绪对于1号来说是种不完美的状态，他会以绝对压抑来避免因表达负面情绪而带来的不完美感。虽然能够压抑负面情绪，不过它的影响却会表达在身体上，以脸色阴沉和身体僵硬的方式，传递一种内心正在压抑的感受	追求快乐、新奇、刺激的事情，并让自己时刻保持开心的状态，对于负面情绪根本就不愿面对，当它们出现的时候便以追求新奇、刺激、有趣的事情来逃避它，因为自己古灵精怪的形象和特质，很难让身边人感受到自己产生了负面情绪，总是一副欢天喜地的状态
职场中的表现	以认真的态度面对压力并更加挑剔他人的表现	压力的产生一定是因为某件事情出了问题，而问题的发生一定是自己犯错或他人没有按照自己的标准行事，因此会更加认真面对工作，以防止自己的失误，同时更加严格要求和挑剔他人的工作表现，不可以有违反自己标准和原则的情况发生	工作中，7号的开心果角色总是能够很好地构建一种轻松、快乐的氛围，并以此激励或感染他人积极工作。一旦遇到压力，自己便会认为压力会破坏轻松、快乐的氛围，便更加认真地调整行动以继续维护良好的工作氛围，同时亦会因觉得身边人不懂得珍惜这份环境而挑剔他们的工作表现，但焦点集中在他人漫不经心和打算蒙混过关的态度上
情感中的行为	不喜欢被限制和要求太多，挑剔伴侣不能配合或达不到自己的要求	1号自己更愿意用自己的原则和标准指导伴侣改善自己；对于伴侣无法达成自己的标准或不能遵守自己的原则的行为，会非常关注，并严格要求伴侣不断改正，直到达到自己心中完美的要求	对方如果对自己指导太多就会认为是在限制自己的自由，亦会认为是在管束自己体验各种新奇、刺激事物的行为，因而会逃避伴侣，躲避限制。对于伴侣不能跟上或配合自己追求新鲜、刺激的事情的步伐，以及不能配合自己各种新奇独特的想法的节奏会很不耐烦，并挑剔伴侣太过沉闷

1号人格与8号人格的相同之处		1号人格与8号人格的核心差别	
		1号	8号
人格特质本身	规矩、标准很多，并要求他人绝对地遵从，不可有商量，过于管教他人	认为自己的原则和标准总是对的，并内心有一种总是为他人好的态度，而要求他人一定要按照自己的标准和原则生活。认为这些标准和原则是实现完美生活状态的保障	没有明确的、量化的标准和原则，只有唯一的一个原则不容侵犯，那就是觉得对方要尊重自己，给足面子，完全跟随和顺从自己的决定和想法就可以了，哪怕只是畏惧于自己的霸气也没有关系。其内心的被尊重的威严感是一样的
职场中的表现	严肃的态度以及不喜欢称赞他人，要求他人对自己有礼貌	因为在工作中以自己的原则和标准要求他人，因此总是会把眼光集中在他人的失误上，所以常常过度地挑剔和批评他人的错误，而对正确的事情则会认为理应如此，无须赞赏。他们在工作环境中会以标准的商务、工作礼仪来要求他人，并按照阶级层次采取相应的行为	认为一切温柔的、称赞式的话语都是软弱的象征，亦是有损自己威势地位的表现。他们关注大事、忽略细节的特质，也很难主动地对他人表达赞赏或肯定，却会因遭遇细小的反对声而大发雷霆。所以，也会要求他人对自己绝对服从和尊重，但无所谓什么礼仪标准，只要心中感受到了对方的服从和尊重就足够了
情感中的行为	肯承担家庭责任，并设立很多家庭规矩，要求爱人必须遵守	认为家庭责任是自己作为伴侣应该履行的义务，并且也是完美的一部分，所以一定会要求自己尽力做好，同时，用自己的标准和原则要求伴侣为了生活更好而遵守，认为这些要求是为了对方好	承担家庭责任是自己作为领导者及保护自己人的责任所在，并且认为只要在物质上完全满足家庭和爱人的需要，就是尽到了自己保护家人的责任。家庭中的规矩也按照自己的喜好和认知来制定，但很少有清晰的定义和标准，大多数都是一种语言上的交代

1号人格与9号人格的相同之处	1号人格与9号人格的核心差别	
	1号	9号
人格特质本身 内心总是有一种想为他人好的动力，并且不愿与人争执	1号之所以在生活中不断地用自己的原则和标准来指导他人，就是因为内心认为这些原则和标准一定是对的，并且是为了让对方做得更好。他们并不是想和对方争论谁对谁错，他们只是为了通过对原则和标准的遵守，来实现完美的生活，并以此证明自己是正确的。	完全以对方的想法和观点以及喜好为焦点，并以顺从跟随的态度来支持他人的想法和观点，对他人没有要求，只希望能够与自己保持一种和谐、融洽的关系，并为了这一关系更为压抑自己的意图，进而避免一切可能发生的纷扰
职场中的表现 不善于下放工作，喜欢达成共识	因为担心他人独立处理工作会发生问题，或是不能完全按照自己的标准行事，便总是亲力亲为，以确保工作结果和过程都能达到自己的标准。对于共识的看法则是：大家都能一致认为自己的原则和标准是对的，是为大家好的	要求他人做好本分的工作，同样也会认为安排给自己的所有工作都是自己的本分。他们容易失去焦点和不分主次的特质，也让他们很难做出有效的工作部署。他们追求和谐、融洽的人际关系，希望无论什么事情都能够以团体讨论并达成共识的方式决策和行动，自己并没有什么主见
情感中的行为 忽略自己内心的追求，把对方的成就看作自己存在的价值	1号把帮助伴侣改善自己并不断进步，看作是自己的责任，以及在家庭中收获的成就感，一文会让他忽略掉自己内心对情感的需要，过分沉浸在各种"责任"中	完全把伴侣的想法、观点和梦想看作自己的理想，以转化自己的兴趣，全然投入对方追求梦想的行动中，以表达自己的爱以及维护家庭的和谐与融洽，却彻底忽略了自己内心的想法以及兴趣，沉浸在体验伴侣成功后的快乐之中，从而失去了为自己争取成功之后的喜悦

第二节 2号人格的核心与识别技巧

了解2号人格与1号人格之差异，请参看本章第一节

2号人格与3号人格的相同之处		2号人格与3号人格的核心差别	
		2号	3号
人格特质本身	为了得到他人的认可或喜欢而不惜改变自己的形态	为了能够满足他人的需要而不惜改变自己的态度，以敏锐的觉察力来体察身边人的情绪和情感状态，然后以配合对方的方式来调整自己，对方安静我也安静，对方快乐我也快乐。以这样百变的形态来赢得他人的喜爱	时刻关注自己的外在形象与内在状态的对应，并以迎合他人喜好的形象面对环境，态度上的变化并不明显，仍旧是一副自信满满的样子，但是外在形象上就会千变万化，以赢得他人对自己第一印象上的认可
职场中的表现	非常关注人际关系，人缘很好	在工作中非常关注与人之间的感觉，并通过不断满足别人要求的行动而赢得他人对自己的感激，以此作为他人需要自己的实证，只要能让自己感受到被他人需要，不惜牺牲自己的利益帮助他人。当然，也会因主动帮助他人而收获人际关系的和谐	因为自己八面玲珑的天分，让自己非常懂得发现他人内心的诉求。会用自己的口才和组织能力，有效说服和帮助他人为自己所追求的目标而奋斗。他们的积极以及自信的态度也能够很好地激励他人与自己共同奋斗。让人有一种与自己在一起就会充满激情的感觉
情感中的行为	不善于真心地与伴侣进行情感交流	过于关注对方的情感以及情绪状态，并主动地不惜改变自己来迁就伴侣的行为，让自己忽略掉内心的需要以及真实的情感表达，渴望伴侣能够像自己一样默默地觉察出自己的需要并主动关爱和满足自己	为了维护自己光鲜的形象，不断以伴侣的喜好改变自己以投其所好，让自己迷失了真实的情感感受以及表达，误以为自己正在扮演的形象就是真实的自己，从而给人一种虚假的感觉

2号人格与4号人格的相同之处		2号人格与4号人格的核心差别	
		2号	4号
人格特质本身	关注与人建立一份深厚的情感联结，并会经常因人际关系的变化而影响自己的情绪	关注和追求与人建立一种积极的情感联结，并关注自己被他人和环境需要的状态，如果自己的主动付出没能及时得到他人的回应或感谢，就会产生一份被忽略和内心不公失衡感，从而陷入情绪困扰中	关注和追求与人及环境中的一切都建立一种深刻的情感联结，这份情感关系中不仅只有积极情感，还要包含负面的情绪，有些时候甚至过于追求和享受对负面情感的体验。以此作为自己与众不同的标志，但亦希望他人能够理解自己的丰富情感体验。不过由于他们不善表达的特质，总是被人误解，并因此更加沉浸到这负面的情绪体验中
职场中的表现	在工作中有很强的同理心，人际关系极端	能够敏锐觉察他人内心的感受及需要，并主动采取行动来关爱和帮助他人，但需要他人对自己的感谢或回应，否则就会彻底不予理睬他。因为内心认为不公平，以及世界上没有无缘无故的爱	能够细腻地觉察他人的情绪和情感以环境中的一切变化，并细心感受自己的情绪和情感，虽然能够很好地理解他人，但会瞬间把这份理解转化成自己的情绪体验，并沉浸在想象自己正在经历相同情况的世界里。把那些能理解自己的这份细腻情感的人视作知己，并更加细腻体贴地对待他们，相反就会冷淡和回避
情感中的行为	细心地呵护伴侣并精心为伴侣制造生活中的惊喜	为了让伴侣开心和需要自己，不断地静心营造生活的轻松与快乐，并以细心照顾对方的一切，以得到伴侣的感激作为自己存在的价值	4号天生追求浪漫，他们为了让自己感受到浪漫的氛围，而悉心留意生活中的各种细节，并精心准备和制造各种惊喜，也会要求伴侣为自己创造浪漫的情景，把能够时刻体验到温馨、浪漫的生活情趣，作为自己爱的感觉来源

2号人格与5号人格的相同之处		2号人格与5号人格的核心差别	
		2号	5号
人格特质本身	忽略自己的感觉和情绪	以他人的感受和需要为首要关注，并以主动的关怀和支持来赢得对方的回应，以此感受自己存在的价值，容易忽略自己内心真正的喜好和情绪表达	一切情感、情绪都以抗拒的态度和回避的方式来对待。因为5号认为，一切的情绪、情感（包括正面与负面）都会影响自己的冷静状态。同时，对于情绪、情感背后的原理的追求，也让自己更加遗忘了内心的真实感受和情绪
职场中的表现	经常加班，不喜欢办公室政治	因为在工作时间内过于帮助他人完成工作，从而影响了自己的工作进度，但因为感受到环境对自己的需要，便乐于以牺牲自己的休息时间为代价加班工作；对于办公环境中的小团体或小圈子氛围很不喜欢，因为要追求的是一种大环境上的和谐、融洽，所以不喜欢办公室政治，并会努力构建大和谐的环境	与人接触就会发生情绪和情感体验，因此最好以退守在独自空间的方式来回避一切人际关系。对于办公室政治无所谓喜欢与不喜欢，因为自己根本就不会对此有任何感觉，更不用说加入其中了。对工作中的任何新情况都有一种研究和钻研的态度及兴趣，业余时间也经常在研究工作，因此很少给自己真正的休息
情感中的行为	压抑内心情感、情绪的表达	为了满足别人而忽略自己的感受，同时也担心一旦自己表达需要或情绪的时候，会被他人厌恶和抛弃，所以，以压抑的方式来面对伴侣。但会以各种暗示来渴求对方的关注	从本质上拒绝一切情感、情绪的感受与表达，一旦遇到情绪、情感爆发就以退守到自己空间、冷静分析背后原因的方式来逃避，并完全抗拒表达内心的情绪感受

第五章 慧眼识人——应用九型人格判断识别他人的技巧

	2号人格与6号人格的相同之处	2号人格与6号人格的核心差别	
		2号	6号
人格特质本身	为别人做事在所不计，没有私心	为了赢得对方对自己的认可和感激，会不惜一切代价地满足别人，同时也希望因此感受到自己被他人需要的价值感。很少为自己着想	当自己认可某人之后，便会毫无私心、不计一切地帮助他。这是自己在感受到与人相处的安全感之后所追求的忠诚表现
职场中的表现	对团队绝对忠诚，在面对压力时有一种自己是受害者的感觉	团队成员对自己的付出表达了感激之情，便会感受到自己被需要的价值，并会为了继续收获这份价值而忠诚地为团队奉献自己。但当他们自己遇到压力时，同样希望团队能够像平日里自己主动帮助他人一样地帮助和支持自己，如若没能收获这一支持，自己就会觉得被团队伤害了	当自己根据分析和逻辑的判断认可团队之后，无论团队如何反应，自己都会尽职尽忠地对团队付出，以自己对团队的忠诚作为存在的价值。当遇到压力时，会直接表现出一副受害者的态度，因为在他们看来，压力的出现就是团队对自己的背叛
情感中的行为	会胡思乱想伴侣行为背后的意思，或猜测伴侣是否正在暗示些什么	敏锐地觉察伴侣内心的感受以及情绪状态，并积极、主动地采取行动来支持伴侣渡过难关或实现梦想	总是担心伴侣对自己的爱是否真实，并会试探地询问对方，对伴侣偶尔表现出的一些"小隐秘"的行为亦会非常敏感，并惶惶不安，担心伴侣对自己不忠。这让自己陷入不安全的状态

2号人格与7号人格的相同之处		2号人格与7号人格的核心差别	
		2号	7号
人格特质本身	亲切、率真地对待他人，以自己的积极态度来感染他人	为了得到他人的感激和认可，便积极主动地帮助他人，并从中得到自我激励，给人一种没有烦恼并不断以温馨的态度影响、帮助他人的感觉。内心认为所有人都是好的、善良的，也让自己对所有人都充满关爱	亲切和率真是自己的天性，不为任何人的喜好而有所变化，因为他们也无暇顾及他人的喜好，大多数时间都在追求那些新奇、刺激的事物中而应接不暇。他们天真烂漫的特质会无形中让身边的人感受到轻松和积极的感觉，并因此喜欢与他们在一起相处
职场中的表现	注重团队中的快乐、轻松的氛围	关注大环境中的和谐、融洽，希望每个人都能够彼此帮助和支持，并通过自己的行动，努力构建这种相互理解与支持的氛围	关注自己在大环境中的轻松与快乐感觉，并努力通过各种娱乐、休闲的活动，来让大家保持一份积极、乐观的工作状态，但如果没能让所有人快乐，也没有关系，因为毕竟自己感受到了一份快乐就足够了
情感中的行为	不愿面对自己的问题	当遇到情感纷扰时，更加以牺牲自己迁就伴侣的方式来迎合对方，并渴望因此得到对方的感激和理解来缓和冲突，同时也会因此让对方心里产生一份愧疚的情绪，如若争执发生，就会更加强调自己的付出与回报之间的不公平而不面对自己的真正问题	以逃避的方式来掩盖自己的问题。当问题出现时，便以追求新奇、刺激、有趣的事情来麻木自己并让双方没有时间安静地一起沟通交流。如果伴侣一再要求沟通，便以自己远离对方并参加更多丰富多彩的生活事件，来躲避面对自己的问题

2号人格与8号人格的相同之处		2号人格与8号人格的核心差别	
		2号	8号
人格特质本身	不惜一切代价保护他人，主持正义以及帮助他人争取公平的对待	只要为了他人的利益，可以不计一切地付出来保护他们，哪怕自己的实力不济也在所不辞，但如果是自己的利益受到伤害就无所谓了	首先保护"自己人"，然后才在有时间和精力的时候保护更多人。另外，斗争时也要首先衡量双方实力，如果自己实力不济，则会采取迂回的策略或暂时忍耐。但是如果是直接针对自己的伤害，绝不回避，一定会全力战斗
职场中的表现	喜欢多管闲事，人际关系极端	敏锐地觉察身边人在工作过程中眉心处的变化，如果发现面露难色，便会有所触动，就用行动去帮助他人。对于感谢自己、需要自己的人就会更加热情对待，而那些接受自己的帮助没有任何表示的人，就会被列入黑名单，永不再接触	当听到或看到环境中出现有失公平的事情的时候，或者是有人过来为自己争取公道寻求帮助的时候，一定会站出来主持正义，争取公平，这也是自己树立威信和强势地位的方法。人际关系上的极端则表现在愤怒时大发雷霆，而转眼间又可以烟消云散，仿佛从未发生过任何事一样。不过，一旦把对方看作敌对面，就会不惜一切代价把对方打败
情感中的行为	不懂表达内心的情感	担心一旦表达内心的感受和需要就会被伴侣厌恶和抛弃，并觉得自己不被需要而产生一种存在毫无意义的感觉。因此很少真实表达内心的感受。	把表达情感视作一种软弱的行为，并担心因此会破坏自己一直维持的威势和统领的地位；也不愿面对自己内心的脆弱，担心一旦示弱便会让那些"敌人"有机可乘，左右自己

2号人格与9号人格的相同之处		2号人格与9号人格的核心差别	
		2号	9号
人格特质本身	焦点放在他人身上	关注他人的感受和需要，并采取行动帮助和支持，是为了获得来自他人感激的被需要的成就感，是一种完全忽略自我本身存在感的状态	关注他人与自己的关系是否融洽、和谐，追寻和维持一种不温不火的关系状态，其真正强调的是自己以一种平和、稳定的状态存在的感觉，是一种追求内心与世无争的和谐状态
职场中的表现	喜欢帮助他人，总以他人的工作需要为先	敏锐地觉察他人的工作需要，并主动采取行动来帮助他人，因为要追求被人需要的价值感，所以把自己的事情放在后面	能够觉察到身边人的需要，但自己很需要维持一种平衡的关系，因此不会主动采取行动，但当他人向自己提出要求的时候，就会优先处理他人的请求，并以此收获人际关系上的和谐与融洽
情感中的行为	牺牲自己迁就伴侣，以伴侣的梦想为自己的追求	一切以伴侣的需要为自己的需要，不断改变自己迁就对方，是为了能够同样得到伴侣与自己对等的爱的回报，亦会以此作为追求自己被伴侣需要的方式	可以为了伴侣牺牲自己，改变自己，以伴侣的梦想和喜好作为自己的梦想、喜好，并感受在伴侣获得成功的喜悦中，彻底忘记自己内心的需要，甚至只是希望伴侣能够因为自己的付出而注意到自己需要多些时间与伴侣相处就足够了

第三节 3号人格的核心与识别技巧

了解3号人格与1号人格之不同，请参看本章第一节

了解3号人格与2号人格之不同，请参看本章第二节

3号人格与4号人格的相同之处		3号人格与4号人格的核心差别	
		3号	4号
人格特质本身	追求与众不同的特质，并希望给人独特的感觉和印象	以百变的形象来追求给人与众不同的印象，总是能够在环境中脱颖而出，并让人第一眼便注意到自己光鲜、靓丽的外表	认为自己与生俱来便失去了生命中的某个部分，会自然而然地散发出一种与众不同的气质，无论外表形象如何，也会让人感觉到这份特有的气质，在环境中我见犹怜的状态虽然不会夺人眼目，但亦会成为让人关注的焦点
职场中的表现	强调工作中的个人风格，并希望被另眼相看	以积极乐观、充满自信的态度和激情洋溢的风格开展工作，强调对工作目标的达成，以此作为自己证明实力的方式。渴望人们认可自己充满激情的工作风格和实力	关注各种细节上的表现，通过细节来传达自己的各种感受。工作表现以及细节上的处理也会跟随感受的变化而有所不同，以此来表现自己丰富的情感，并把通过工作表达情感作为自己与众不同的工作风格，并渴望他人理解自己的风格处理手段
情感中的行为	懂得体恤伴侣的喜好，并营造生活中的惊喜来讨好对方	能够敏锐地觉察伴侣对形象的喜好，并通过转变自己的形象来扮演伴侣喜欢的角色，从而赢得伴侣对自己的喜欢，更加关注一种表面的崇拜感觉	能够细腻地觉察伴侣内心的感受，并把这份感受加工成自己的情感体验，并总能到位地关注和体贴伴侣，得到伴侣真正的感动。对于烂漫情调的追求，也是希望在感动自己的同时能够感动对方，并让两人享受这份浪漫的感动

3号人格与5号人格的相同之处		3号人格与5号人格的核心差别	
		3号	5号
人格特质本身	以自己的目标为先，并需要独处的空间	一切皆有目标，生活中的每时每刻都会是为了实现某种状态的追求，并把追求目标实现作为自己实力的证明。因此，总是不断冲、不断做的态度来实现自己的目标。同时也因为总要证明自己的实力，而喜欢以个人独自面对一切并解决的方式来对待问题	以自己对学术和知识的研究与钻研兴趣为主，经常沉浸在自己的思考、学习世界中，独自享受学习的乐趣，需要有一个绝对属于自己的空间，能够让自己没有干扰地钻研学问，研究事物背后的原理。同时，这个空间也是自己在面对情感、情绪的时候退守的净土，并可在这里静心分析情绪、情感背后的意义
职场中的表现	不喜欢办公室政治，很少真正的休息	因为自己需要更多的时间来追求内心梦想目标的实现，但过于复杂的人际关系，又会让自己迷失在过分追求他人认可的状态中。虽然自己是八面玲珑的社交高手，但也不喜欢办公室政治的气氛。另外，为了实现目标，自己一定会在计划的时间里不断冲，不断做，有一种拼命三郎的感觉。休息的时候也会不由自主地去构想下一个阶段的目标以及计划	因为自己抗拒一切情绪、情感，并因此不喜欢面对人际关系，久而久之让自己对一切人际关系变得麻木和冷漠。这就让自己很难觉察或注意到当下的办公室政治的气氛，当然也会不经意间被办公室政治所伤害，因此更加讨厌。大多数时间里自己都在钻研与工作有关以及无关的各种知识，因此很少真正放松精神，总是一副过度操劳的感觉
情感中的行为	情感薄弱	不屑于用语言表达对伴侣的爱，亦会觉得各种浪漫的举动华而不实，但以实际的行动比如吃饭、逛街、看电影等陪伴活动来表达情感，但容易给人一种无甚情趣的感觉。	从本质上认为一切情感、情绪都是干扰自己冷静状态及思考的因素，因此抗拒一切情感，对于爱情也是如此，不但很少表达，甚至也抗拒接受，给人一种彻头彻尾的情感冷漠感

3号人格与6号人格的相同之处		3号人格与6号人格的核心差别	
		3号	6号
人格特质本身	关注他人对自己的反应和评价	关注他人对自己成就及成功形象的认可，并渴望得到他人对自己成就的鲜花掌声。为此甚至有时候会沉浸于对表面现象和自我成功形象的追求上	关注他人是否正在搞一些"小动作"，并暗地里做一些伤害自己的事情，以怀疑的态度关注他人的言行是否在指向自己。喜欢结合各种评价逻辑的推理和连接，最终做出自己对他人的判断
职场中的表现	反应敏捷，行动力强，愿意为所属团队尽职尽责	面对困难或压力时，会以敏捷的反应来寻找各种资源和帮助，并果断地解决问题，以此作为展现自我实力的方式，也会因为得到团队的赞赏和激励而愿意更好地表现自己，为团队工作	面对困难或压力，总是以敏捷的思维来分析环境中的各种不利因素，并收集各种不利于自己的资料进行思考，在行动上会针对问题或事件本身，表现出极高的战斗态度，转而以强调自己的目标达成为首要焦点，给人一种咄咄逼人的感觉。他们对于团队的尽职尽责，取决于自己对团队的判断，如果认为团队伤害了自己则彻底离开
情感中的行为	过于实际与理性，有些不解风情的感觉	过分强调以实际行动来表达自己的爱意，对于伴侣在生活情趣上的要求，也容易表现得不屑一顾，并认为是华而不实，但仍旧会满足伴侣的要求	面对伴侣一切情感的要求，都会马上以逻辑分析的方式来与对方梳理这份需要，并判断这份需要是否合理，特别是当伴侣闹脾气或宣泄情绪的时候，也不能理解伴侣需要关爱的感受，反倒以逻辑梳理的方式来与对方理论

3号人格与7号人格的相同之处		3号人格与7号人格的核心差别	
		3号	7号
人格特质本身	积极乐观，总是会出现新主意、新创意，但不易发现身边的问题	积极乐观的态度源对自己实力的自信，并不断出现新的创意、新主意，这些新创意、新主意都是自己要追求和实现的生活目标。感觉总是有用不完的动力去追求一个又一个的生活目标，但亦容易因为目标过多让自己无暇顾及在追求中出现的问题	需要用不断追求新鲜、刺激、有趣的事情，保持自己积极乐观的状态，新创意、新主意也都来自环境中的新鲜、刺激、有趣的事物。更多的时间，总是让自己陷入丰富多彩的活动和好玩的事情当中，并以此状态来躲避生活中的各种问题
职场中的表现	创造性地解决问题，强调效率，行事心急，注重团队气氛	当工作中遇到困难或问题的时候，只会增加对自己实力的自信，并马上把这问题看作新的目标，更加努力地采取行动解决问题，强调在单位时间里能够完成尽可能多的任务，对于行动力不足或过于瞻前顾后的表现，总是缺乏耐心。注重团队成员对自己业绩的赞赏	以各种创意来构建团队中快乐、轻松的氛围，并渴望能够通过自己营造快乐环境的各种创意来防止工作中的沉闷，让大家都能够在一种轻松、快乐的状态下积极乐观地工作，并看重在工作时间内的工作表现，不喜欢加班
情感中的行为	会安排一些事情投伴侣所好，并以此赢得对方的欢心	懂得觉察伴侣内心的喜好，并以投其所好的形式或生活事件来赢得伴侣的欢心及对自己的赞赏、崇拜	会以自己的喜好为前提来安排一些新鲜、刺激、有趣的事情，并希望伴侣能够陪伴自己一起体验这些新、奇、特的事情，共同享受体验过程中的快乐

第五章 慧眼识人——应用九型人格判断识别他人的技巧

3号人格与8号人格的相同之处		3号人格与8号人格的核心差别	
		3号	8号
人格特质本身	不断拼搏的状态给人一种强势、充满动力并不达目的誓不罢休的感觉	不断追求阶段性的生活目标，并且要求每一个目标的实现都要在自己的形象上有一个对应的转变，遇到问题会更加相信自己有能力解决并达成目标，其积极进取的态度以及醒目、光鲜的形象给人一种活力四射的感觉	不断拼搏的状态是为了能够建立和维持自己威严和统领的地位，对于生活总是充满了大梦想、大目标，并为了实现大目标不断以一种战斗的状态采取行动，为之努力。其不拘小节的态度和硬朗的作风给人一种霸气的感觉
职场中的表现	关注工作目标的达成，强调效果而轻视道理，不喜欢办公室政治	关注对一个个工作目标在计划时间内的达成，对于工作要求不但要快，而且过程表现还要漂亮，结果亦要符合标准，是一种对工作全程都很关注的感觉，但这份关注的重点还是工作完成的效果上，只要能满足"快靓正"的追求，以什么样具体的手段来实现无关紧要。对办公室政治的厌烦主要是因为过于复杂的人际关系容易让自己消耗太多精力和时间	关注宏观目标或战略目标的整体完成，对于细节以及阶段性成果不甚关注，只要能够确保最后整体目标的完成就可以了，对于过程中的细节或问题更是没有耐心和兴趣，也不喜欢他人向自己提出各种关乎细节的建议或要求，对于办公室政治的厌烦，主要是因为，内心强调光明磊落的作风，不喜欢搞小团体，并渴望一切能由自己的深层渴望决定
情感中的行为	懂得为家庭制定发展目标与计划，不善于表达情感	为家庭制定的目标和计划会比较具体，时间亦不会太长远，往往是一个阶段完成之后再制定下一个阶段的目标与计划。不屑于用语言表达情感的原因是认为这些言语太过虚假，喜欢以实际的行动来表达爱意	为家庭制定的目标都是长远而宏伟的大计划，并真的会努力为之拼搏。但对于实现大目标的过程，却很少有具体的说明或阶段性的行动计划，大多数时间都是胸有成竹并要求爱人跟随就好，有一股王者风范。不善于情感表达的原因是，认为情感的表达就是软弱的行为，并会因此失去自己威势的地位

	3号人格与9号人格的核心差别	
3号人格与9号人格的相同之处	3号	9号
人格特质本身	压抑自己的愤怒以及负面情绪，害怕因为宣泄情绪而招致他人对自己的对立	认为自己的形象一定要阳光、积极，愤怒的情绪表达只会让自己的脆弱和阴暗的一面表现出来，并且会因此被身边人厌恶，失去自己一直维护的在他人眼中的成功形象	内心渴望与人建立并维持一种和谐、融洽的关系，因此更会以跟随他人的想法来避免纷争，对于自己内心愤怒情绪的压抑，亦是害怕一旦宣泄就会立即招致冲突的局面
职场中的表现	不善于下放工作，自己承担众多任务	喜欢以承担更多任务并通过自己的奋斗完成目标，以证明自己的实力，并以此收获他人对自己实力的认可，同时亦要维持一个精英的形象	认为安排给自己的工作都是自己本分之内应该做的事情，并且也因为很难划分轻重缓急、优先次序的特质而无法有效地分配任务
情感中的行为	过于迁就伴侣的喜好而忽略自己内心的需要	为了能够赢得伴侣的欢心，以投其所好的形象来扮演一个虚假的自我，并把这个扮演的角色误认为是真实的我，从而失去对内心真实自我的追求	认为不断满足和跟随伴侣的梦想，就可以避免纷争，并与伴侣始终相处在一个和谐、融洽、平衡的关系中。因此，把伴侣的喜好看作自己的追求，并因此失去了对自我梦想的追求

第四节 4号人格的核心与识别技巧

了解4号人格与1号人格之不同，请参看本章第一节

了解4号人格与2号人格之不同，请参看本章第二节

了解4号人格与3号人格之不同，请参看本章第三节

4号人格与5号人格的相同之处	4号人格与5号人格的核心差别	
	4号	5号
人格特质本身	沉浸在自我的思想世界中，给人一种空灵的感觉	能够敏锐觉察到环境中细节之变化，并能够因为这些变化而产生自己情绪的体验，以神游的方式沉浸在自己想象的世界或经历中，并以此感受内心的情感和情绪的变化	对于环境中出现的新事物，由于自己原本没有相关的知识和经验，因此产生了一份研究和学习的兴趣，并退守在自己的空间，认真钻研事物背后的原理，沉浸在学术钻研和系统分析原理的思维世界中
职场中的表现	工作过程中给人一种外表很冷淡的感觉，容易失去工作重心	因为自己细腻的情绪以及情感表达很难被人理解，并以一种不屑于解释的态度来表现自己的与众不同，因而给人一种冷艳的感觉，同时因为自己经常陷入对情绪和情感的细腻体察之中，而失去了对工作业绩达成的重视	工作过程中因为不愿意过分接触人际关系而导致自己经历情绪、情感的体验，失去冷静客观的态度，很少与身边人打成一片，更不会加入平日里同事之间的闲聊中，给人一种冷漠的感觉。如果不清晰地说明阶段任务的重点，很容易会按照自己的研究兴趣开展工作，而迷失工作重心
情感中的行为	以自己的需要和内心感受为先，忽略伴侣的感受	更为关注自己内心的情感需要及对各种情绪的体验，并跟随自己的感觉来营造和安排生活中的各种事件，同时希望伴侣能够与自己一样感受到事件所带来的情感体验，很少关注到伴侣真正的内心感觉	强调自己独处的空间和时间，并希望伴侣能够帮助自己打点好家中琐碎事务，让自己有充足的属于自己的时间，安静地学习和钻研自己感兴趣的知识；对伴侣提出的要求也会疏于留意，完全沉浸在自己的学术世界中

4号人格与6号人格的相同之处		4号人格与6号人格的核心差别	
		4号	6号
人格特质本身	过于关注消极的一面，并总是经历一种负面的情绪状态	认为自己与生俱来便失去了生命中的某个部分，因此用一生的时间追求各种情绪、情感的体验，有些时候沉浸在一种负面的情绪体验中，并享受这种负面的状态	关注生活中可能出现的各种风险和困难，并认为自己总是身处在一种不安全的环境或状态中，以怀疑的态度对待身边的一切，并因这种过于试探性的行为而陷入自己构建的危机重重的境地中
职场中的表现	对工作中的人际关系和环境中的细节变化非常敏感	敏感于环境中任何一个细微的变化，并以此体验内心情绪、情感的状态，沉浸在这种情感的体验状态中，细细品味工作带来的人生感受	时刻留意环境中的人对自己态度的变化，并对那些细微的"小动作"非常敏感，总怀疑人们正在针对自己设计一些陷阱。集中精力收集环境中所有证明他人对自己不利的证据资料
情感中的行为	很少照顾对方的感受，有些过于自我的感觉	生活中的一切安排都源自对自我内心感受的关注和体验一切情感的追求，有些时候为了能够感受负面的情绪、情感，刻意与伴侣保持一种若即若离的关系，当伴侣因此产生不理解或抱怨的时候，还会强调伴侣因为不能理解自己内心的需要而更加远离对方。给人一种过于自我而不太照顾伴侣感受的感觉	对伴侣很忠诚，并愿意为伴侣付出一切，但亦会过于关注自己的行动与付出，而忽略伴侣真实的内心渴望。当伴侣提出要求或表达情绪的时候，总是马上给出各种分析和建议，以过于逻辑性的梳理，分析对方需要以及情绪反应的合理性，很少能够静静地聆听对方的表达，并给予一份关注与支持，让人觉得太过于理性和逻辑性，不懂得照顾伴侣的情感世界

4号人格与7号人格的相同之处	4号人格与7号人格的核心差别	
	4号	7号
人格特质本身	追求生命的多姿多彩，不喜欢沉闷、单调的状态	追求体验生命中的一切情绪、情感，包括快乐、喜悦、悲伤、忧郁等一切情感状态，认为生活不只有快乐的状态，悲伤同样重要，有时候甚至享受悲伤的状态	只希望自己能够体验到更多新奇、刺激、有趣的事物，绝对不愿面对和经历苦闷和悲伤，认为生活就一定要时时刻刻充满快乐和刺激，并以体验快乐和刺激作为自己一生的追求
职场中的表现	注意力多集中在自己的喜好上，容易失去工作方向	完全根据自己情绪，变换对待工作的态度，或者以此决定开展工作的顺序，表现出情绪化的特制，亦会经常沉浸在自己的情绪、情感世界中而忽略工作本身的意义	不愿意面对工作压力和困难，如无特殊的说明或要求，一定按照自己的兴趣选择那些较容易完成的工作去做，亦会将那些完成起来有些难度的任务放在一边不予理睬
情感中的行为	面对争执或冲突时以躲避的方式来对待伴侣	认为自己天生与众不同，在得不到伴侣理解的时候，更加深这一感觉，并以不屑与伴侣争论的态度来回避对方，很享受在自己不被理解的情感体验中，表现出一副郁郁寡欢、我见犹怜的状态	不愿面对生活中的一切负面情况，与自己伴侣之间的问题也是如此，总以大量的有趣活动来填充彼此的时间，让双方无暇顾及问题本身，并不断寻求新鲜、刺激的事物，以逃避面对问题甚至逃避对方

4号人格与8号人格的相同之处	4号人格与8号人格的核心差别	
	4号	8号
人格特质本身 渴望他人理解自己，但又过于以自我为中心，有些不讲道理	希望他人能够理解自己细腻的情绪及情感体验，并与自己建立一种深刻的情感联结，但自己又不屑于认真表达自己的感受，让人有时候觉得有一些无理取闹	希望他人尊重和服从自己，明白自己追寻大梦想，关注大成就的野心，并绝对支持和跟随自己，遇到反对甚至是善意的提醒，都会认为是与自己的对立，并以战斗的态度对待对方，给人一种无论如何都要他人绝对顺从自己的霸道感觉
职场中的表现 容易情绪化，且人际关系极端	对环境中各种细微变化而引起的情绪体验非常敏感，并总是陷入情绪世界中不能自拔。对于那些理解自己的同事，就能够更加细腻体贴地关怀，而相反则会不予理睬，冷若冰霜	一旦心中有怒火，就会直接爆发，毫无掩饰，也不会顾及是否会语出伤人，常有大发雷霆的状态，然而爆发过后却又瞬间像没发生任何事情一样热情地对待他人。在人际关系上，只要是尊重自己的人，都是自己人，并且会很义气地保护他们，但如果是与自己对立的方向，就会以打败他们作为维护自己威严、强势地位的方式
情感中的行为 不善于表达自己的情感	不能很好地整理语言，精准表述内心细腻、复杂的情感体验，若是以文字记录的方式则会好一些。在言语的表达上，会在尝试几次仍旧不被理解之后，以不屑一顾的态度来回避对方	认为情感的表达是一种软弱的行为，会影响自己的威严，同时担心一旦自己表露内心的脆弱会被伴侣看不起，因此压抑自己的情感流露，始终表现一副强者的威势

4号人格与9号人格的相同之处		4号人格与9号人格的核心差别	
		4号	9号
人格特质本身	对情感和情绪有非常细腻的感受，同理心很强	能够很到位地了解和体谅他人的情绪、情感，并马上把自己也带入他人的情绪状态中，并以此展开想象，好像是自己正在经历他人的遭遇一样	为了维持和谐、融洽的关系，以跟随和顺从他人的想法和要求的态度和方式来支持和满足他人，并表现出很强的同理心
职场中的表现	注重人际关系，失去工作焦点	希望能够在工作环境中体验各种人际关系的状态，包括和谐的与纷争的，并以此来感受工作带给自己的生命体验。也会因为过分沉浸于情绪，并以情绪的状态作为开展工作顺序的标准，会经常在工作过程中表现得忽左忽右，飘忽不定	渴望与工作环境中的人构建一种平衡、融洽的关系，无论是在情感上还是在物理距离上，都要求一种不温不火、恰到好处的状态，以此避免纷争情况。由于自己很难条理性地划分工作任务的轻重缓急，往往在工作中表现得松散而没有焦点
情感中的行为	细心地照顾和体贴伴侣，渴望与伴侣建立深刻的情感	因为伴侣对自己的理解，便会非常细致入微地照顾和体贴对方，以希望能够让彼此间的情感更加深厚，但要求这份深厚的情感之中，要包含伴侣理解自己需要独处的时间和空间以感受孤独的情绪体验，要求情感上的绝对亲密与身体上的若即若离的状态	把对方的一切都看作自己的追求，并以细心地体贴和支持对方的一切作为与伴侣构建和维持和谐、融洽的关系的方法。渴望始终陪伴在伴侣身边，亦希望伴侣能理解到自己的这一要求而主动满足自己，多些完全属于自己的时间一起享受二人世界的和谐

第五节 5号人格的核心与识别技巧

了解5号人格与1号人格之差异，请参看本章第一节

了解5号人格与2号人格之差异，请参看本章第二节

了解5号人格与3号人格之差异，请参看本章第三节

了解5号人格与4号人格之差异，请参看本章第四节

5号人格与6号人格的相同之处		5号人格与6号人格的核心差别	
		5号	6号
人格特质本身	冷静、理性地分析和思考	关注对事物背后原理的研究和学习，注重对某一类问题收集大量的数据和资料，以系统化地分析和研究的方式，构建标准化的理论体系，希望通过学习能够了解和知道生活中的一切	以逻辑的方式对现实中的情况进行梳理，并收集不同类型的证据资料，以逻辑的方式进行分析，构建彼此间的逻辑关系，并以此为进一步分析事态发展变化的资料，预料各种可能性，并思考应对方案。渴望生活中的一切都在自己的预料之中
职场中的表现	勤奋尽责，小心谨慎	完全按照工作职责的本分行事，任劳任怨，绝不节外生枝，避免因此带来过多的情绪、情感状况，也不愿浪费工作时间在处理工作以外的事情上，不愿意面对决策，因为自己更加善于做出各种系统化的分析，并以文字化的资料作为帮助他人做出决策的参考	因为自己认可团队的环境，并因此感受到内心的安全，故以勤奋尽责的工作表现来表示自己对团队的忠诚，工作中由于过于关注可能出现的负面情况，因而处处小心谨慎。以收集多方资料，并认真分析各种可能，再详细与他人论证避免自己行动的失误
情感中的行为	过分理性的态度，忽略伴侣在情感上的需要	过分沉迷于自己的学术世界，而忽略伴侣情感上需要他们对于生活质量节俭的要求，对伴侣主动营造生活氛围的举动感觉没必要，这样的态度，总让对方觉得自己与一个没有情感的人相处	总是以自己的逻辑梳理来分析伴侣的各种需要以及情绪的表达，很难静静地聆听从等待对方完全地表达自己的情感和亲切地关注，给人一种过于理性并不懂得照顾伴侣情感需要的感觉

5号人格与7号人格的相同之处		5号人格与7号人格的核心差别	
		5号	7号
人格特质本身	以逃避的态度和方式来回避生活中的压力和问题	生活中的压力主要来源于经历或面对各种情绪、情感。担心因此影响自己的冷静与客观，所以，他原有的抗拒一切情绪、情感的体验，以退守在自己独处的空间来逃避压力。若遇到问题，就更会在自己独立的空间里进行各种学习和研究	不愿意面对生活中的负面情况和困难，真遇到问题或困难的时候，也会以增加更多新奇、刺激、有趣的体验来掩盖问题的真相，让自己沉浸在一种表面快乐的状态中，无暇顾及困难的解决，并以此来躲避问题或困扰
职场中的表现	好奇心很重，容易跟随这份好奇心而失去工作重点	对于工作中出现的新情况充满学习的兴趣，渴望真正了解和认识到新情况的全部及背后的原理，并沉浸在钻研新业务的领域中，从而会失去对原本工作任务达成的关注	对工作中一切新鲜、有趣的情况充满兴趣，并会花费很大时间和精力去搜集奇闻逸事，并作为构建快乐、轻松工作氛围的元素。对于有难度的工作总是能躲就躲，并把焦点都集中在完成容易的事情上，而遗失工作重心
情感中的行为	重视满足自己的需要，并因此忽略他人的感受	以满足和确保自己能够独立、安静地进行感兴趣的学术研究为第一目标，对于他人的需要，也会因为本身的抗拒情绪、情感而以麻木的方式来回避	一切都要首先让自己感受到快乐和轻松，在此基础上希望与伴侣一同感受这份快乐，但如果伴侣不能跟上自己的节奏则会不耐烦，并继续以自己独乐的方式追求新鲜、刺激，会忽略他人是否已经被自己搞得身心疲惫

5号人格与8号人格的相同之处		5号人格与8号人格的核心差别	
		5号	8号
人格特质本身	以自己的欲望为先，很少迁就别人、改变自己	一定要保证自己冷静、客观的态度与位置，也要保持自己有属于自己的空间和时间来进行研究和学习，当别人要求自己改变时，会以更完全封闭在自我空间的方式来拒绝改变	一定要达成自己追寻的大成就，并且以各种方式来确保他人对自己的绝对跟随。对于他人提出的让自己改变的意见，8号都会视作与自己的对抗，并以战斗的态度和方式打败对方
职场中的表现	被动地接受人际关系，不喜欢办公室政治	不愿意因过多的人际交往而耽误自己学术研究，也不愿因此而发生情绪、情感的纠葛，所以很少主动去建立人际关系，也更不会让自己陷入办公室政治的境地中。	认为主动与他人建立关系是一种示弱的态度和行为，大多数时间都是一副领导者的状态，等待对方主动向自己示好，并以此来确保自己权威的地位。对于办公室政治，虽然认为是不够光明磊落的行为，并因此厌恶，但如果自己身陷其中，亦不拒绝这种斗争，并会竭尽全力取得胜利
情感中的行为	疏于情感上的表达	5号抗拒一切情感、情绪体验的特质，让他以冷漠的状态面对感情经历，对于生活事物的忽略也更加重了这份情感流露的状态	认为情感的流露是自己软弱的表现，并担心一旦退去武装便会失去家庭中的威信和领导地位，因此压抑情感表达

第五章 慧眼识人——应用九型人格判断识别他人的技巧

5号人格与9号人格的相同之处		5号人格与9号人格的核心差别	
		5号	9号
人格特质本身	大多数时间都以旁观者的角色相处在环境中，而被人忽略	喜欢以旁观者的角度观察环境中的各种事物，并从中发现自己未能知道或了解的事情，从而能够让自己开展研究，亦会以旁观者的态度和身份避免自己陷入争执中，体验情绪的状况发生。大多数时候都会安静地在环境中相处，给人一种"不要关注我，我只是一个旁观者而已"的感觉	以完全附和他人想法和观点的方式，避免纷争或冲突，而感受因此带来的和谐、融洽。很少表达自己的想法和意图，也是为了避免因此直接导致纷扰。他们温和、亲切的状态，也非常容易让自己融化在环境之中，被人觉察不到
职场中的表现	尽好本分，任劳任怨	完成本职工作，不会节外生枝，因为一来不愿意浪费时间去处理其他事情，二来也不会让自己面对更多的事情，并因此与更多人发生联系	每天都会保持一种稳定的工作状态和规律，并认为维持这种习以为常的状态是自己本分工作的关键。很少打破工作规律和习惯，因为担心会因此带来纷争及破坏自己和谐的存在状态
情感中的行为	不能很好地表达自己内心情感和需求	害怕一旦表达内心的情感就会直接影响自己冷静客观的态度，从而做出冲动的判断和行为，让自己更加纠结	担心一旦表达内心的情感就会直接引起对方的反对并发生冲突，以绝对跟随伴侣的想法来维持一份和谐、融洽的关系

第六节 6号人格的核心与识别技巧

了解6号人格与1号人格之差异，请参看本章第一节

了解6号人格与2号人格之差异，请参看本章第二节

了解6号人格与3号人格之差异，请参看本章第三节

了解6号人格与4号人格之差异，请参看本章第四节

了解6号人格与5号人格之差异，请参看本章第五节

6号人格与7号人格的相同之处		6号人格与7号人格的核心差别	
		6号	7号
人格特质本身	思维敏捷，想法很多，经常关注生活中的各种可能	总是关注生活中可能出现的各种风险和困难，对未来的担忧多于憧憬，因此思维也总是集中在分析各种负面的可能及思考各种应对措施上	关注生活中一切积极和快乐的事情，总是以乐观的态度憧憬未来，想法多集中在以各种新创意构建快乐、轻松的生活氛围上
职场中的表现	注重留意团队气氛，工作自发性很高	由于自己对团队的认可和信任，便以自发性地工作、自主承担任务及尽职尽责完成工作来表达自己的忠诚。另外，内心怀疑一切的特质，也会让自己时刻留意团队中针对自己的负面情况，总是以试探性的态度和行为收集团队中各种有可能伤害自己的证据和资料	积极乐观的态度以及充沛的精力总是让自己自发地领取各种不同的工作任务，并以体验不同任务的新鲜感作为自己追求快乐的工作方式。不喜欢被别人限制，注重团队中轻松、快乐的工作氛围，并努力通过自己的行为来构建和维护这份轻松快乐的团队状态
情感中的行为	不容易发现自身的问题	总是担心伴侣对自己有不忠诚或隐瞒，并时刻关注伴侣的行为，并以试探性的方式不断询问和印证伴侣的忠诚，却因此忽略了自己身上的问题	以过度追求新鲜、刺激、有趣事物的方式来掩盖自己身上存在的问题，也让自己沉浸在丰富多彩的活动中，而无暇顾及这些问题，给人一种逃避自己的感觉

6号人格与8号人格的相同之处		6号人格与8号人格的核心差别	
		6号	8号
人格特质本身	对生活充满怀疑，认为一切都是不友善的，并随时需要对抗	总是担心生活中出现各种风险或困难，并因此认为生活中充满了陷阱，稍有疏忽就会陷入其中，需要时刻提高警惕，防范他人对自己的陷害，以怀疑一切的态度面对环境	认为生活中总是充满了战斗，他人总是为了争夺自己的统治地位而与自己对抗，并因此以一种严阵以待的威严气势来面对环境
职场中的表现	注重公平公正，人际关系处理极端	因为自己对团队的认可和忠诚，因此非常希望团队也能忠诚于自己，希望团队能够时刻支持和信任自己，并把这份对自己的忠诚和信任看作公平公正的标准，对于那些通过自己的逻辑分析和判断认为是对自己心怀恶意之人，就会彻底封闭自己的内心，完全拒绝与此人有任何交流	自身光明磊落的态度以及硬朗的作风，让自己在工作环境中更是以构建公平的环境以及主持公道，作为自己表现威严、树立威信的方式，对于那些与自己对抗之人，会像对待敌人一样，以"秋风扫落叶"般的冷酷无情彻底打败对方
情感中的行为	要求伴侣对自己的绝对忠诚	因为总是怀疑伴侣对自己的爱是否真实，便要求伴侣能够主动地向自己表白一切，包括情感上以及生活中的所有事情，甚至是自己犯了错也最好能主动，直率地坦白交代，以争取宽大处理。6号对伴侣抱有一种"坦白从宽、抗拒从严"的态度	要求伴侣绝对服从自己的想法和观点，并会制定各种家规让伴侣遵从，以此来维护自己家长式的威信和领导地位，如果有意见可以直接提出，但只会得到更为严格的管教

6号人格与9号人格的相同之处		6号人格与9号人格的核心差别	
		6号	9号
人格特质本身	寻求一种安稳的状态，不喜欢转换环境	出于对安全感的追求，担心一旦转换环境，会在新环境中出现各种负面的情况，因此，即便是新环境有再大的诱惑，也更愿意停留在已经被自己认定的安全环境中	关注自己稳定、平衡存在的状态，因此一旦在生活中养成某种习惯，就会沉浸在这种习惯之中，不愿改变，否则就要面对重新开始适应并养成习惯的过程，这本身就是一种破坏自我和谐的状态
职场中的表现	尽心做好本分之事	出于对团队的认可及希望得到团队的信任与忠诚，6号会尽心尽责地完成本职工作，这也是自己忠诚于团队的表现	不表达自己的观点和想法，完全跟随和服从团队以及工作安排就是自己的本分，并以此构建和维持一份和谐、融洽的人际关系，避免经历纷争
情感中的行为	忽略对爱的感觉本身的追求	过于担心伴侣的爱是否真实，并总是以逻辑梳理的方式分析这份爱的感觉并希望由此能够得出爱的理由来确保内心的安全感，结果反而让自己因为过于理性而失去了对爱的敏感，也会因此得不到伴侣爱的安全感。	不希望伴侣离开自己或忽略自己的存在，会完全跟随伴侣的想法和陪伴对方追求理想，以维系彼此和谐、融洽的关系，结果反而因为忽略了自己内心爱的表达而让伴侣感受不到爱的存在，甚至觉得有一种被过分依赖的限制和压力

第七节 7号人格的核心差别与识别区分技巧

了解7号人格与1号人格之差异，请参看本章第一节
了解7号人格与2号人格之差异，请参看本章第二节
了解7号人格与3号人格之差异，请参看本章第三节
了解7号人格与4号人格之差异，请参看本章第四节
了解7号人格与5号人格之差异，请参看本章第五节
了解7号人格与6号人格之差异，请参看本章第六节

7号人格与8号人格的相同之处		7号人格与8号人格的核心差别	
		7号	8号
人格特质本身	不喜欢被管束和限制	追求自由选择生活方式及体验生活中各种新奇、刺激、有趣的需求，让自己很难接受他人的束缚，认为束缚本身就是一种压力，以更加追求刺激和自由的方式来抗拒和逃避这份限制	要通过自己的拼搏来追求"主宰自己人生"的能力，把一切的限制或管束都视作对自己权威和统领地位的挑战，并会以抗争到底的态度和行为来争取自己的独立自主
职场中的表现	自发性强、自主性高、不喜欢被"教"	积极乐观的态度及充沛的精力，让自己总会产生新想法、新兴趣，并主动承担各种新工作。追求自由的特质，也让自己不喜欢被人过多地教导，认为这些教导都是对自己的限制	对自己的事业怀有的远大抱负，让自己以不断拼搏进取的态度和硬朗的作风来开展工作，追求独立自主及掌控一切的态度，让自己把任何的教导都看作想控制自己、左右自己、是让自己失去对自我的主宰能力的对立行为
情感中的行为	逃避面对内心的脆弱	7号不喜欢面对困难和问题的特质，在情感中表现为不能面对自己的内心问题及与伴侣之间潜在的危机，并以不断追求表面快乐的行为来逃避自己内心的恐惧	能够意识到自己内心的脆弱，但害怕一旦流露出来不但会失去家庭中的威信与领导地位，还有可能被伴侣嘲笑或厌烦。因此，以坚持强势扮演绝对的强者的行为来逃避内心的脆弱

		7号人格与9号人格的核心差别	
7号人格与9号人格的相同之处		7号	9号
人格特质本身	追求一种轻松、快乐的生活状态，不喜欢面对纷争和冲突	不愿面对生活中的困难和压力，人际纷争和冲突只是其中的一部分而已，以独自追求享乐的方式来维持自己的快乐状态，并以此逃避生活中的困难及压力	不愿面对人与人之间的纷争和冲突，并希望生活能够维持一种平和、稳定的状态。不愿面对压力和困难，亦不喜欢过于激情和刺激的状态，关注内心的平衡感，追求一种与世无争的和谐生活
职场中的表现	注重团队快乐、轻松的氛围，容易丢失工作重心	以各种新创意和新想法，采取主动行动来构建和维护团队中的快乐、轻松状态，喜欢扮演团队中开心果的角色，娱己娱人。会因为过分关注容易完成的工作任务而丢失工作重心	渴望与团队中的每个人都能维持一种和谐、融洽的关系，并压抑自己的想法，彻底跟随他人观点。安分守己地做好本职工作的态度和行为，让自己感受内心的和谐。因为很难对他人的请求说不，以及自己难以区分主次的特质，让自己忽略工作的重点
情感中的行为	不会对伴侣有过多的要求，同样也希望伴侣不要过多要求自己	因为关注自己的快乐及渴望自由地选择生活，因此不会对伴侣有过多的限制和要求，只希望伴侣不要限制自己对新鲜、刺激、有趣事物的体验	为了与伴侣相处在一种和谐、融洽的关系中，不惜彻底改变自己以满足和支持伴侣的所有想法，并以此希望伴侣能够关注到自己的存在及可以多一些时间陪在自己身边

第八节 8号人格的核心差别与识别区分技巧

了解8号人格与1号人格之差异,请参看本章第一节

了解8号人格与2号人格之差异,请参看本章第二节

了解8号人格与3号人格之差异,请参看本章第三节

了解8号人格与4号人格之差异,请参看本章第四节

了解8号人格与5号人格之差异,请参看本章第五节

了解8号人格与6号人格之差异,请参看本章第六节

了解8号人格与7号人格之差异,请参看本章第七节

8号人格与9号人格的相同之处		8号人格与9号人格的核心差别	
		8号	9号
人格特质本身	强调自我存在的感觉	强调追求"主宰自己人生"的能力,并以完全掌控生活中的一切作为自我存在的价值感	关注自我内心的平衡感觉,沉浸在已经习惯的和谐、稳定的生活状态中,不愿管理他人也不愿被他人改变
职场中的表现	被动地接受他人帮助和帮助他人	认为主动示好是一种示弱的表现,总是等待他人对自己主动示好并以此强化自己的领导威严。当他人提出需要自己主持公道的时候,会毫不吝惜地帮助对方争取公平	虽然能够敏锐地觉察到他人的需要,但不会主动采取行动或表达关心,担心自己主动表达会造成误会,并因此带来不必要的纷争。为了在内心保持一种付出与回报对等的平衡感,只有当他人主动向自己提出要求时,才会采取行动帮助和支持对方
情感中的行为	忽略自己内心对爱的需要	过于强势及始终扮演强者的态度,让自己忽略了内心渴望被关爱和呵护的脆弱,并因此失去了伴侣真正以爱的呵护来慰藉自己内心创伤的机会	过分迁就伴侣以及跟随伴侣的行为,让自己彻底遗忘了内心渴望被爱、被理解、被支持的需要,也因此失去了为自己争取快乐和成就并得到伴侣真心关注与支持的机会

第九节 9号人格的核心差别与识别区分技巧

了解9号人格与1号人格之差异,请参看本章第一节
了解9号人格与2号人格之差异,请参看本章第二节
了解9号人格与3号人格之差异,请参看本章第三节
了解9号人格与4号人格之差异,请参看本章第四节
了解9号人格与5号人格之差异,请参看本章第五节
了解9号人格与6号人格之差异,请参看本章第六节
了解9号人格与7号人格之差异,请参看本章第七节
了解9号人格与8号人格之差异,请参看本章第八节

亲爱的朋友,相信您在阅读了前面几章之后,已经对九型人格学说以及不同人格类型生活在不同环境中的各种表现和特征,有了详细的了解与体悟,那么,现在就给各位朋友留一个在日常生活中练习和应用九型人格技术有效识人的小作业。

首先要明确应用九型人格学说"望、闻、问、切"识人技术的流程。

望:通过观察对方身体、眼神、外表形象的特质,初步感受人格类型的特征感觉。

闻:通过聆听对方言语中的语气、语调,及言谈举止中融合的身体语言流露出来的信息,感受人格类型的特征。

问:通过询问对方行为背后的动机来判断和分析其信念和情感,并以此感受人格类型的特征感觉。

切:通过对动机、信念和情感的深刻分析,觉察对方关注的深层渴望与深层恐惧,并最终识别出对方的人格类型。

在日常生活中,您可以用以下这个经典的识别技术做练习。

发现身边的隐形人——九型人格识人技巧

通过精心设计的"自我介绍",感受对方的人格特征感觉,并迅速地识别和定位对方的人格类型。

指导语:请按照如下的顺序来进行自我介绍
自我介绍的顺序:
1. 你是谁(自己的名字)
2. 你来自哪里(可以是籍贯或者公司)
3. 你目前的工作(学生或待业也是工作)
4. 你有哪些兴趣爱好
5. 你以前是否接触过九型人格学说,有什么感觉
6. 今天到这里来有什么期望

操作方法:首先,你要按照这个顺序,做个介绍,一方面通过自己的介绍给对方营造一个安全和谐的交流氛围,另一方面在开始自我介绍的那一刻起,就要留意对方的反应,他眼神、表情的变化,以及在你介绍到哪一环节的时候格外兴奋等,这些都是感受对方人格类型感觉的关键。然后再让对方做自我介绍,让对方开始的时候,不用再重复或强调自我介绍的顺序,因为从这一刻开始,不同人格类型的人就会表现出非常明显的人格特征,比如,脑中心者则会严格地按照顺序进行;心中心者则会着重于对兴趣爱好以及内心感觉的表达者腹中心;会想到什么说什么,往往会直接从最后一个问题开始回答等,但这些都是大范围内的特征表现,至于不同的人格类型究竟会在这简单的六个问题的回答中表现出怎样状况,就留给各位朋友们在日常生活中去慢慢体味吧……

第六章　突破弱点——九型人格发展自我

第一节　1号人格弱点分析与突破法

1号的行为困扰

● 1号追求尽善尽美的原则以及对人对己的标准总是让自己陷入无休止的改善、提高、修正和指导的境地中，并因此产生一种自己永远达不到完美标准的自卑情绪，以及他人"为何不理解我的用心良苦的指导和说教其实是为了他们好"的困惑。这份自卑和困惑因为都属于负面情绪的范畴，又会让1号感觉自己不够完美，并压制他们导致自己内心的矛盾。

● 1号在职场中因为缺乏对自己所坚持标准的系统化、明确化，从而容易给人标准经常改变的感觉，并因为很少赞赏和表扬他人而给人一种不近人情的冷淡感，这就让1号陷入了人际关系危机的局面中。这种危机主要表现在1号身边的人表面上遵从1号的原则和标准，实则内心对1号充满抱怨。

● 1号在情感交往中过分强调双方的责任，并不注重情趣，以及不懂得主动表达情感，习惯性地把自己尽心尽力完成的责任

和使命看作情感的表达，从而使伴侣体悟不到爱的感觉而产生抱怨，1号又会将这抱怨解读成伴侣没有尽到理解自己的责任，对这份抱怨本身也产生一份破坏完美的情绪，进而用分析性的言语和伴侣讲理，进一步加重了双方的分歧，也让1号在情感中陷入不被理解和接受的困扰中。

1号成长中的缺失

● 1号在其成长中因为过分关注自己的不足，不断修正、改善自己，从而失去了以快乐、轻松的心情享受生活的时间，也因此失去了绝对地投入享受过程的状态。因为1号总是关注到过程和结果的不完美，那些已经取得的成就则被忽略。

● 1号因为总是关注"应该"做的事情，从而失去了做自己喜欢做的或想做的事情的机会。因为1号对"应该"与否的标准来源于社会已有的各种意识形态的标准，但如果这些标准不经过自己的加工转化成自己实现理想的工具时，则有可能反过来限制自己的行动和想法。1号就因此活在了一个又一个的"应该"中而忽略了对兴趣或梦想的追求。

● 1号因为将负面情绪看作不完美的表现，久而久之让其对所有情绪的表达都产生了限制，同时1号认为主动表达自己的要求亦是不完美的表现，总是用各种规矩、礼仪作为条框来限制自己，进而失去了真诚表达自己的情感、跟随自己的感觉实现梦想以及与人进行率真的沟通的机会。

1号需要突破的人格瓶颈

● 1号要懂得转换关注的焦点，把视角从关注1%的不足转到留意自己已经取得的99%的成绩上，并以此嘉许自己已经取得的成绩，让自己享受一份放松愉快的感觉。对于他人也要如此，要懂得关注效果而不是道理，就好像大家都要攀登到山顶，但各自选择了不同的路线，而路线本并无好坏对错之分，只是不同而已。最终大家都能够到山顶会合才

第六章 突破弱点——九型人格发展自我之道

是重要的。因此,学习接受不同并关注效果,是对人对己真正发展的关键。接纳别人的同时,更要懂得接纳自己的不足,特别是那些负面情绪,不要去压抑它们,从做一个"完美"的人转化成做"完整"的人。

● 当他人没能达到自己的要求时,首先明确这标准究竟是针对效果的还是道理的。如果是针对效果的,那么着重将效果完成的程度清晰地说明;如果是针对道理的,那么不妨等到效果出现之后再作分析。分析时静下心来,思考一下效果既然出现,那么,自己的这些标准和原则,是否一开始就制定得过高,或者自己是否又陷入了关注道理、忽略效果的境地中,从而不允许差异的存在。学习欣赏差异,因为差异不一定是错误。

● 用心去感受他人的情感,多一些表达爱的感觉,而不是用冰冷的量化分析去与人沟通和表达情感。体谅他人在情感上的需要,同时留意自己内心在情感上的渴望,满足别人的同时亦会收获他人对自己的理解和认同。多多关注自己的兴趣爱好,特别是自己一直想做或喜欢做的事情,策划一下自己如何开展这些事情,并真的采取行动,不要因为太多的"应该"与否忽略掉自己内心的渴望。

● 学习或参加一些情商或口才技术的课程或工作坊,改善自己的语言表达方式,多些感情的投入,培养和增加自己的幽默感,把内心"总是为别人好"的热情准确表达出来,避免冰冷的语言让人产生误会。提醒自己平日里不自觉的"应该"与"不应该"的口吻，减少给人做评价甚至是批评教导的感觉。

1号成长的恶性循环与良性整合

1号的恶性循环是：1号时刻追求完美人生的内在渴望，导致自己惧怕一旦犯错内心受谴责的情绪出现，反而让自己过分关注那些不足，并因此产生内疚、自责的情绪；此时便像4号一样关注这份自责、内疚的情绪，且为了解决这一情绪，加强对自己各方面要求的标准，并把这些标准用于要求别人；之后像2号一样认为这些标准是为他人好的，便严格要求他人

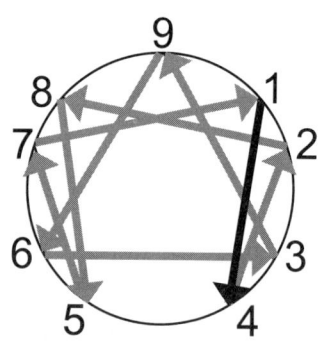

必须达到这些标准；再以8号的方式强制他人必须遵从这些原则和标准，只要没达到就视作犯错且不允许任何狡辩；然后像5号一样费尽心思去总结、分析和制定新的标准，同时完善已有标准；又像7号一样认为，制定和完善这些标准以此指导别人，是自己逃避恐惧的有效方法，且乐在其中；于是，就成为一个令人望而生厌的1号。

1号的良性整合策略是：1号在追求完美、不断修正和改善自己的同时，像7号一样懂得关注自己已经取得的成绩，并让自己以轻松快乐的心情享受每一天的时光；像5号一样以一种快乐平和的心境来思考整理在自己取得成绩的过程中，那些真正导致效果的标准和原则，并把它们系统地描述出来；再像8号一样把这些标准和原则以身体力行的方式体现出来，让

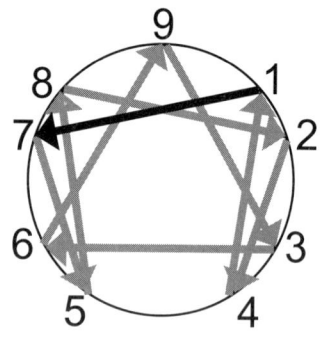

身边的人真正体会到这些标准和原则的好处，产生真正的钦服；再像2号一样用情感交流的方式，在指导他人应用标准的同时，给予他人赞赏

和鼓励，让人履行责任后得到激励；然后像4号一样，在关爱他人的同时，亦懂得享受他人回馈给自己的关爱、理解和支持；最后成为一个给人一种"进步改革家"感觉的1号。

1号修养身心的方法推荐

● 参加一些催眠、冥想、内观技术的工作坊，并用自我催眠、冥想、内观技术以观想自己达到标准之后的人生画面的方式，增强自己的自信、自尊、自爱。比如：冥想技术、吸引力法则技术、灵气静心技术、七色光球冥想技术等。

● 参加一些情商、情绪压力管理、人际关系处理技术训练的课程，学习改善自己的语言表达方式，增强日常的情感表达、情绪宣泄，以此提高自己内心的快乐感觉。比如：NLP情绪压力管理技术、检定语言模式沟通技术、暗示语言模式沟通技术、九型人格职场攻心术、九型人格恋爱心法等。

● 掌握一些流程梳理、目标策划的系统构建技术或方法，并应用这些方法，系统地构思自己的生活以及事业发展，让自己所秉承的标准和原则有机地联结起来，从而增强自己行动的效果。比如：战略规划十步法、黄金流程策划技术、职业生涯规划全面技巧等。

● 推荐书籍：《接纳不完美的自己》《向宇宙下订单》

第二节 2号人格弱点分析与突破法

2号行为困扰

● 2号总是要求自己成为一个乐于助人、主动关爱身边人的人，并要收获因帮助他人成就梦想而感谢自己、需要自己的成就感，因此总是忽略自己的内心需要或问题，又怕一旦向身边人表达内心的需要便会失去他人需要自己的价值，所以过分压抑内心的需求。这样一来，2号就会经常处在"内心渴望不能表达,却又不断付出满足他人"的状态下,并产生一种不平衡的内心矛盾。同时,解决这份内心矛盾,又是2号的内心需求和障碍,但继续被2号压抑着,久而久之形成恶性循环。

● 在职场中,2号非常关注人际关系,并用大量的工作时间来建立和维护亲切、友善的关系。他会时刻关注身边人在工作中遇到的问题或情绪困扰,留意对方眉目之间的表情变化。当2号一旦觉察到身边同事正在遭受工作阻力或情绪困扰时,便会主动帮助他们解决问题或安慰情绪。这使得2号在有效的工作时间里因为过分关注别人以及帮助别人而忽略了自己的工作进展,经常需要加班来完成本职工作。久而久之,2号如果得不到被帮助者的感谢,就会产生一种自己的付出被忽略的感觉。因为在2号看来,自己加班是工作时间内帮助他人造成的,所以被帮助者至少应该在自己加班时表示一下感激,这会让2号感到自己的付出是有意义的和有回报的,但即便是这样,2号也会因为日复一日的加班而慢慢产生工作量过大的疲惫感(主要是因为2号把帮助别人工作也看作自己的工作),但又压抑需要休息或帮助的表达,让自己陷入身心俱疲的状态中。

● 在情感交往中,2号会为了满足伴侣的需要,不断改变自己甚至是牺牲自己来迁就对方。与此同时,还会因为对伴侣的爱而产生体贴、照顾其身边的亲朋好友的行为,这就让2号自己更加不懂得照顾自己的内心需要，久而久之让自己处在一种遗失自己的状态中。这份遗失会让2号产生渴望被伴侣关爱并支持自己、发展自我的需要，然而2号对伴侣"最好在自己未开口表达需要之前就觉察到并主动满足自己"的希望，压抑了自己内心的渴望。如果对方不能及时做出回应，就会让2号产生不被关爱的感觉，这份感觉只会加重2号对伴侣的关爱与呵护，甚至让对方产生受到过分干涉的感觉，并因此刻意与2号拉开距离。这样一来，2号更加觉得自己的付出没有意义，并有可能使负面情绪彻底爆发。

2号成长中的缺失

● 2号因为过分压抑自己的内心需求，不但让自己产生不平衡的内心矛盾，而且还会因此错失真正向别人表达情感或需要、得到对方关爱或帮助而生的心心相印的那份感觉。在倾听他人情感或情绪上的倾诉的同时，错失了与别人分享自己喜怒哀乐并因此建立深厚、真挚的友谊的机会。一味地包容他人、迁就他人，让自己错失了体会彼此相互包容、相互支持，并因此达到真诚的、坦然的相处的机会（真正意义上的真诚，是指双方都能够在第一时间坦诚地表达自己内心的需要并相互满足，这也是2号真正渴望的状态）。

● 2号在不断帮助和支持别人成就梦想的过程中，失去了真正关注自己内心的兴趣与梦想并为之努

力实现梦想的机会，也因此错失了实现自己的梦想之后收获成就感的机会，毕竟这份成就感才是真正属于自己的人生价值。一味地帮助别人，满足别人，让自己失去了展示自己才华、发展自己、成就自己价值的机会，并因此让自己停滞不前，从而与身边人产生距离，这会让2号产生一份失落和空虚的感觉。

● 在情感交往中，2号过分呵护、体贴、照顾对方以及他们身边的亲朋好友，让自己错失了享受伴侣细心地呵护、体贴、照顾自己的机会；2号总是主动地制造浪漫的氛围，并因此错失了享受伴侣为自己创造惊喜的机会。久而久之，2号会因为这些失之交臂，让自己陷入爱的付出与回报不平衡的内心冲突中。

2号需要突破的人格瓶颈

● 2号要懂得照顾自己内心的感受，学会给自己营造一些独处的时间，并利用这些时间静下心来，好好体味一下自己内心的需要，留意自己的兴趣、爱好以及梦想，做一些纯粹为自己满足兴趣、爱好或实现梦想的事情，让自己的内心也享受一下自己的关爱。在帮助他人的时候，时刻留意觉察一下自己是否压抑了自己的需求而过分地以帮助别人为首要任务，懂得给自己建立一套预警机制，一旦觉察到自己过分关注别人而忽略自己的时候，就让这套预警机制自我启动，以便使自己停下来，关注自己。比如利用催眠的方式建立听觉暗示，一旦觉察到自己的行为又陷入不断满足他人的状态中时，便以听到某种声音为刺激，让自己停下来。学会等待他人提出明确的需要时再给予帮助，以此来平衡付出与收获，同时亦能因此得到对方及时的感谢。总之，2号要懂得关爱自己，满足自己，因为一直以来有一个不曾得到过你的呵护和帮助的人，那就是你自己！

● 2号要懂得表达内心负面的感受，比如伤心或愤怒，并不会让身边人觉得不耐烦，或者产生对自己没有价值的评价。他们反而会因为你所表达的情绪、情感而高兴,并真的会采取行动来帮助你,以此作为你一直以来对他们提供无微不至的关爱与支持的回报。因此,你要学习主动、坦诚地向那些能够给你提供帮助之人表达你的需求,并欣然接受别人的关心、体贴和帮助,以此来平衡自己的付出,真正享受在助人助己的平衡人际关系中自己的收获。

● 2号要明白,并不是每个人都能像自己一样敏感地觉察到身边人情绪上的变化以及当下的需要。因此,不要因为身边人没能及时为自己主动地提供帮助而感觉失衡,并产生抱怨。在产生这种内心情绪时,内心要学习冷静、客观地分析,是否因为自己没能及时地主动表达需求及对暗示的误解,让对方不能有效地帮助自己,不要任何事情都被感情所主导,因为这些感情有一部分是由于忽略自己、不懂表达造成的。

2号成长的恶性循环与良性整合

2号的恶性循环是:2号因为总是希望自己成为对别人有价值、有意义之人,并通过不断地关爱别人来实现;然后用8号的状态关注他人生活中的一切,给人一种绝对控制的感觉;再用5号的方式时刻思考和分析对方究竟还需要怎样的帮助、关怀和体贴,彻底忘记自己;之后,像7号一样把思考和分析他人的需要作为自己的

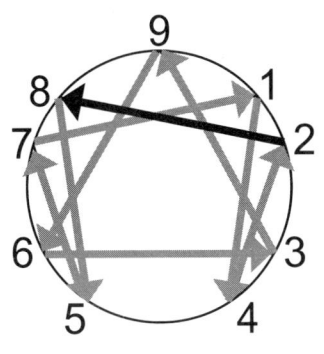

乐趣,并用7号逃避的方式来进一步压抑自己内心对被爱的需求;再像1号一样在过分干涉对方的生活时,不断地强调自己是为对方好的理由,给人一种不但控制自己还很有控制自己的理由,说教感觉让人厌烦;当2号觉察到他人对自己不满时,就会像4号一样,首先认为他人是不理解自己的,然后马上想到自己长期以来默默付出却换来这样的结果,由此产生一份对对方彻底失望的感觉,这感觉激发了2号一直以来因压抑

自己的需要而生的那些不平衡的矛盾情绪，从而彻底爆发；变成一个情绪化严重、让人无法捉摸又不忍伤害却有些厌烦的"绝对索取"感严重的2号。

2号的良性整合策略是：2号在关爱他人获取回应、收获成就感的时候，要及时给自己静心的时间；像4号一样关注自己内心的感受以及需求，发觉自己的才华；然后像1号一样将自己内心的需要和感受清晰地罗列出来，并向身边的人提出要求，坦然地接受身边人的帮助，不要凡事亲力亲为；之后像7号一样把更多的时间放在为自己的兴趣和梦想实现的行动上，真正

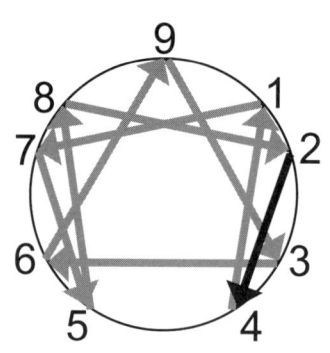

为自己的快乐做一些事情；再像5号一样，懂得真正给自己一个属于自己的空间，让自己能够在独处的时候放松自己，觉察自己；再像8号一样与别人分享这份做自己的快乐与喜悦，帮助他人发展自己的梦想，并在对方明确提出要求的时候再实施帮助；最后成为一个"敢爱敢恨"、付出与收获平衡、真正享受在帮助他人成就自己的良好人际关系中的"平衡付出"型的2号，给人一种亲人、知己的温馨感觉。

2号修养身心的方法推荐

● 参加一些静心以及艺术心理学技巧方面的工作坊，因此让自己安静下来，觉察内心的渴望以及长久以来压抑的情绪、情感，比如音乐静心训练、葛吉夫灵性舞蹈、意象绘画心理技术、图画心理投射技术等课程。

● 参加一些梦想启发以及潜能训练类的工作坊，并应用工作坊所教授的技术，来策划并实现自己的梦想，发挥自己的才华，比如心想事成的秘密工作坊、吸引力法则技巧等课程。

● 自己组织一些分享体会与心得的活动，特别是在学习上面提到的

内容之后自己发生变化之时的体会，可以用沙龙的方式分享给更多人，以此体会分享自己的快乐给他人时收获价值感的感觉。另外，多采取一些行动来为自己的兴趣、爱好的实现奋斗，并在取得成就的时候与人分享，也能够体会到这种属于自己的价值感。总之，2号要明白，价值感始终来源于自己的梦想实现时的那份喜悦。

● 推荐书籍：《断舍离》《秘密》《钥匙》

第三节 3号人格弱点分析与突破法

3号的行为困扰

● 3号以对成就的追求作为自己行为的内在驱动力。但因为其对成功之后的形象亦非常关注，从而转化了目标的焦点或者说是将成功本身与成功的形象相互混淆了，进而开始关注对成功形象的追求。3号发生追求目标的混淆，其根本原因在于，3号内心渴望收获自己成功之后他人所投来的"鲜花掌声"（即赞赏）。此时，3号才会感受到一份身份的认同，久而久之，他们便把成功的形象当作成功本身，并误以为这份成功形象就是自己（"理想中的我"就是"本质我"），进而陷入了追求表面形象而遗失对成功本身追求的境地中。在此境地中，3号并没有真正实现成功，自然也就得不到身边人对其成就的赞赏和认同，但3号此时继续混淆成功与成功的形象，仍旧坚持对形象的追求，从此便彻底失去奋斗的真正目标，给人一种追求虚荣的感觉，3号亦因此而产生一份内心的挣扎。

● 3号在职场中因为其执行力和组织力卓越、口才良好、人际关系融洽而得到组织中大部分人员的认同和赞赏。但是3号不愿认错的特质，容易让人产生一种过于夸夸其谈的感觉，并会有些不敢信任3号。因为每次犯错他们都会以华丽的口才来强调自己的作为，并以此掩盖错误造成的影响，导致身边人不清楚他们在开展工作过程中究竟埋下了多少不安全因素。同时3号在社交方面的天分，让其在企业中总能够收获良好的人缘，这就让他们经常有一种沾沾自喜或扬扬得意的感觉，有些时候显得过分张扬，进而让自己的领导产生一份不安全感，总担心3号会出现某些隐患。同时，3号本身就会因为目标的混淆追求良好人际关系，从而忘记对本职工作业绩的追求，导致3号体验到领导不认可但又在企业人缘良好的矛盾

状态，并因此不清楚自己究竟该何去何从。

● 3号在情感交往中总是以现实的、物质的方式来表白自己对爱的解释。他们认为爱亦是很实在甚至是很物质的行为，那些甜言蜜语能够表达爱意，但如果从他们口中说出来就会感到华而不实且"肉麻"。因此，平日里过分关注事业以及自己所追求目标之大成，却忽略了身边伴侣内心感受以及情感的需要，并且一旦出现伴侣的抱怨或任何情感问题便以物质的或现实的行动来补偿，仍旧回避言语上的沟通，久而久之双方都陷入一种压抑内心真实想法和感受的状态中，为将来情感的发展埋下了地雷。然而，懂得"察言观色"的3号在感受到这份危机的时候，却因为"视危机为目标"的内驱力，更加用物质的或现实的行动来对治，并认为这些实在的行动或物质存在会解决一切。但却恰恰因为这样的态

度和做法让双方更加缺乏真正的情感交流，终有一天因过分压抑而彻底爆发甚至分手。

3号成长中的缺失

● 3号在追求事业目标、人生成就以及成功形象的时候，是否曾静下心来思考一下，你长期以来的拼搏和奋斗是否过于忽略家人的感受，有多长时间因为忙碌而没有陪你的伴侣看一场电影或是在露天咖啡厅约会了；有多长时间因为忙碌而没有带你的孩子一起去游乐园享受与孩子亲昵相处的快乐了；有多长时间因为忙碌而没有回家听一听你的父母发牢骚了。3号非常容易因过分关注事业与成功人生各种量化目标而错失掉与身边的亲人朋友相处的机会。成功的人生，是要包含与身边的亲人彼此关爱、共同享受天伦之乐的。不要当有一天他们要离你而去时才意识到，自己在追求成功的同时失去了更重要的亲情。

● 3号在不断冲、不断做的拼搏过程中，是否留意过自己的身体为了这些奋斗所付出的代价。也许你总是认为自己年轻，精力充沛，活力四射，但也许你正在透支着你的健康甚至是生命。你要懂得，对你身边的亲人来说，并不是只有你的成就才能够让他们感到满足以及对你赞赏，他们对你更为强烈的要求是：你能够健康幸福地生活，并在人生的旅途上陪他们更长久。不要因为过度的拼搏而失去自己的健康，要知道，你今天所透支的生命是无法在将来用物质换来的。

● 3号对自我形象的过分关注和追求，并以此产生的扮演那个"理想中的我"的状态，有可能让你失去真实流露内心情感并以此收获真情意的机会。特别是对身边的亲人，这份扮演更让你失去了能够退去伪装、做回自己并享受真诚之爱与释然之感觉的机会。同时，你的扮演亦会让身边的亲人为了配合你所扮演的形象而生活在压力中，明知道你在报喜不报忧却还要配合你一起隐瞒真相，因为他们不忍伤害你苦苦维系的"成功形象"。

3号需要突破的人格瓶颈

● 3号要在平日里忙碌的同时,懂得关注自己身体的状况,给自己营造一些彻底休息的时间,并在休息时让自己真正地放松身心,不再去想那些目标、成就以及来自他人的鲜花掌声。给自己一些独处的时间,让自己静下心来系统地思考:究竟那份成功的形象还是成功本身的价值才是真正要追求的呢?同时,要意识到自己已然是一颗钻石,无须从他人的赞赏中得到价值的评价,也会放射光芒。

● 经常提醒留意内心的感受,并在自己陷入过分追求表面现象的时候及时反省,并再次回到对成功价值本身的关注和追求上,反省自己究竟是为了配合一个华而不实的形象,还是为了真正收获自己奋斗所实现的成功价值呢?以这份内省来防范自己陷入贪慕虚荣的状态中。

● 多多留意家人内心的感受,不要只注重物质上的满足,用"心"交流更为重要,因为你的家人总是能够知道真实的你是什么样子的,在他们面前没有必要继续扮演一个理想的自我。真心、真情的流露哪怕是那些你认为不好的、影响你形象的情感或经历,在家人面前都不存在好与坏的评价,他们总是希望与最真实的你相处,不然家人与那些你要在他们面前竭尽全力维护形象之人又有什么区别呢?另外,在家人向你表达情感的需要甚至是抱怨你总是忽略对家人情感上的关爱时,不要用自己的口才来百般解释,因为你确实一直通过物质和行动来表达爱,而忽略在你看来华而不实的语言情感关爱。而有些时候,恰恰是你在言语上的爱才能够真正让你的家人感受到你的情感。

● 在放慢自己奔跑速度的同时,亦要懂得给身边人追赶你的时间,并允许他们跟不上你的速度,不要一味地关注目标的达成,并把自己的行动速度作为目标要求所有人都跟上,从而忽略身边人的感受,毕竟没有人愿意做"笨人"。所谓的"笨"有可能正是他们的人格特质,或者其正处在某种境地中,而你如果能够觉察到他们的特质,并发挥他们人格特质中的天分,或帮助他们突破某种境地发展他们的话,不也是自己可以追求的一个目标吗?你也一定会因为帮助他们发挥才华而收获理应属于你的赞赏和认同的。

3号成长的恶性循环与良性整合

3号的恶性循环是:3号在追求成功的过程中,混淆了对成功本身的追求与成功形象的追求,进而过分关注他人对自己的赞赏和认同;采取9号的策略,为了得到他人之赞赏和认同,过于关注他人的喜好,并把他人的关注当作自己目前的焦点,把投其所好作为自己的任务,进一步忽略自己内心真正对成功的渴望;之后像6号一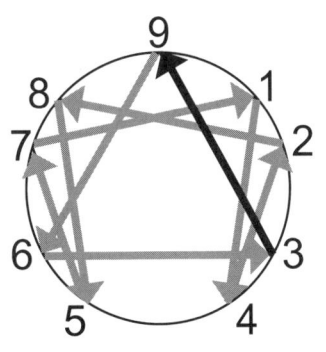样沉浸在收集各种资料并分析和揣摩他人喜好或关注的事情之中,彻底迷失自己原来对成功目标的定位;成为过分关注各种名利物欲之人,给人一种夸夸其谈、华而不实的感觉。

3号的良性整合策略是：3号在忙碌地拼搏时，能够懂得静下心来好好留意自己内心对成功真正的定位；像6号一样，广泛收集达成目标所需的各种资料，系统地分析并策划自己实现目标的过程，把过程中的潜在风险逐一排除，确保目标的绝对达成；再像9号一样能够关注到自己存在的状态，包括身体情况，与身边人和谐相 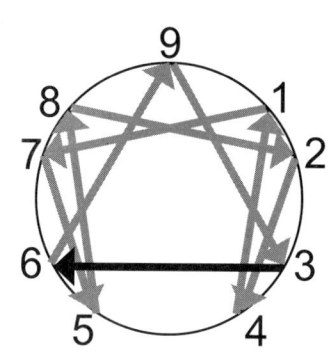 处的状况，并因此懂得让自己敞开心扉，真情、真实地与身边的人进行情感交流，并以此种方式分享自己在取得成就过程中的方法和策略，帮助他人实现目标，并放慢脚步，允许和等待他人靠近自己，同时也让自己能够放松身心，成为一个懂得激励自己和他人、魅力四射的人。给人一种积极进取、实实在在的感觉。

3号修养身心的方法推荐

● 参加一些呼吸或者气功技巧类的训练，一方面是为自己营造一个独处的空间，同时通过这些训练可以帮助自己彻底放松，并觉察到身体的状态，从而懂得关爱自己，如太极静心、瑜伽训练、亢达里尼静心、灵气冥想技术、拙火等。

● 参加一些"解放天性"以及唤醒心中之爱的工作坊，通过参加这些工作坊的活动来练习真情流露以及真实地表达情感，打破原有的对语言表达情感上的障碍，比如解放天性训练、前世今生催眠体验等。

● 参加一些流程构建以及战略管理的课程，学习系统地制定目标，战略性地构建实现目标的步骤的方法，比如：战略规划十步法、黄金流程技术、职业生涯规划六步法等。

● 推荐书籍：《人生中不可不想的事》《身心合一》《零极限》

第四节 4号人格弱点分析与突破法

4号的行为困扰

● 4号由于认为自己与生俱来便缺失了生命中的某个部分，并以此认为自己是与众不同的，因而对于身边的人、事、物都抱有一种羡慕的情怀（身边的一切总能存在我所缺少的元素，因此羡慕），并因此在内心产生一种扩大那些人、事、物的价值或意义的态度（自己没有就是人、事、物存在的最大价值），并以过分强调这份价值作为标榜自己与众不同的方式，并渴望他人能够理解自己的这份情怀，但当他们不被理解的时候，又因为对自己"与众不同"的态度，把这份不理解也解读为自己生命中缺失的一部分，并认为自己就是不配得到这份理解，而陷入一份悲伤忧郁的状态中，久而久之给人一种抑郁、悲情的感觉。

● 4号在职场中过于关注细腻的人际关系处理，并以极端的方式来定位身边的人（理解明白我就关系好，我就更加细心对待；不理解我就关系不好，我就不屑一顾），因此总给人一种不顾他人的眼光（有些时候是"办公室政治"的倾向）而继续热情地对待知音，冰冷

地远离"俗人"（不能感受自己的与众不同以及感谢自己所做的细节之事比如"阿丽的动画片"的人）的我行我素的感觉。这就会让4号在职场中由于过分独特的个性气质而带来过多的人际关系上的误解，同时这份误解又触动了4号的深层恐惧，反而加重他们对身边人都投以冷淡的态度，进而更加被误解，产生情绪且起伏较大，又因为自己的情绪起伏让身边人敬而远之，最终孤独一人，彻底陷入被遗弃的感觉中。

● 4号在情感交往中，由于过分关注并追求自认为生命中缺失的那些元素，导致他们总是以负面的情绪或情感来对待自己的另一半，并有一种"恋爱就是为了追求和体验双方因对治而彼此伤害"的恋爱态度。再加上他们情绪化的行为反应，身边的情侣很难感受到他们对自己内心感受的真正关注，因此确实在现实中经常因为争论双方对某一事件的不同情绪、情感而发生争吵。4号内心渴望被理解的欲望，虽然会驱使自己尽力表达情绪和情感，但其不屑一顾的态度，以及因为争吵而产生的一种"我不配拥有一份甜蜜幸福的爱"的消极观念（我天生就缺少了被爱的部分），更让对方觉得无法与4号相处，从而产生一种无法忍受他们的"无理取闹"的感觉，这会促成让双方彻底分手的局面。而4号更因此确定了自己"不配被爱的"消极观念，并沉浸在一种"我见犹怜"的状态中（像林黛玉一般的感觉）。

4号成长中的缺失

● 4号在成长过程中太过于追求那些所谓的"自己生命中缺失的部分"，从而让自己总是以错综复杂的视角去解读身边的人、事、物。在造成被误解的同时，亦因此失去了"珍惜身边已经拥有的"并为此感恩和享受这一切带来的"具足感"的机会。同时，也失去了对于自己享受真正的宁静而舒适的生活状态的追求。

● 4号有可能过分抱持一份"我天生便缺少某些元素，因此不配得到完美的爱情"的恋爱态度，导致自己总不能真正地表达甚至是辩解自

第六章 突破弱点——九型人格发展自我之道

己的情绪和情感，让自己失去与爱人真正建立一份深刻的情感联结的机会，从而与生命中出现的所有人都无法真正以深入的情感进行"真性情"的相处。另外，也由于这个原因，自己失去了拥有长期的、稳定的亲密朋友与爱人的机会。

● 4号其内心真正的渴望，是通过经历一切以及体会所有情绪感受内心的具足感。但他们却以追求缺失作为体验具足感的方式，或者说，4号其实误解了自己内心的渴望，他们把缺失当成了自己对"我是谁？我的人生将怎样"这个问题的答案，因此失去了真正看到原本自己内心对"具足"的渴求，并接受自己从而感受到具足感的机会。也就是说，既然"自己与生俱来便缺少了某个部分"，那么为何还要去追寻那些缺失呢？殊不知"当下自己的存在"就已经是那个完整具足的自己了，因为一切"具足"当中必定包括"缺失"在内。

4号需要突破的人格瓶颈

● 4号在生活中要懂得，越是用力想要用手去握住自己缺失的东西来填补内心的匮乏，只会让自己更加陷入匮乏之中。张开双手，看看手中已经拥有的一切才是真正感受"具足"的关键。因此，4号要懂得珍惜身边已经拥有的一切，并把视野扩大，关注当下的自己，学习真心地去欣赏、享受积极的情绪、美好的事物及和谐的人际关系。懂得人生终归是平凡的，但最平凡的恰恰是最能够带来心灵震颤的。只有懂得人生的平凡，并在追寻这平凡的过程中耐得住平凡的寂寞，守得住自己感恩生命的心境，才能够真正收获一路不平凡的美丽风景与内在的淡定从容。

● 不要总是沉浸在自己构想的世界中，并以夸张内在情绪、情感的方式来扩大这份不真实的世界，静心体悟自己内心的渴望，专注当下，多一些冷静的态度，真正地去觉察外在的客观世界，并从客观世界中收获内在对世界真相的感悟，并以这份感悟作为真正填补内在空虚的珍宝。4号要懂得，在多数情况下，自己总是处在"明明是我把世界看错了，却总是抱怨世界把我骗了"的状态中。所以跳出自我的主观世界，多多地去聆听、去观察、去感受外在世界究竟在对自己表达的事情吧。培养自己在行动（身）、情感（心）、思想（灵）上的平衡，真正让身心灵和谐发展。

● 把焦点多放在那些自己真正有积极情绪、情感的兴趣上，发挥自己在艺术方面的天分，把自己内心的各种感受以艺术的方式记录并表现出来，并以此做到对自己的欣赏和觉悟，同时这发自你内心的作品也将成为指引众多"正身处与你有相同经历的困境或心境之中的人"走出旋涡，而这份帮助也将成为你能够感受到的真正的自我存在的价值。记住，"你的人生就是一部用心创作的作品，这作品是你一生所要成为之人的延续！"这才是你想要的对"我是谁？我的人生将怎样？"的答案。

4号成长的恶性循环与良性整合

4号的恶性循环是：4号非常关注自己内心的感受以及各种情绪的体验，同时渴望这份感受能够被身边的人理解；像2号一样渴望被爱、被接纳，并以主动表达情绪、情感的行为来赢取身边人对自己对等的情绪和情感的交流；然后像8号一样无所顾忌地表达情绪、情感

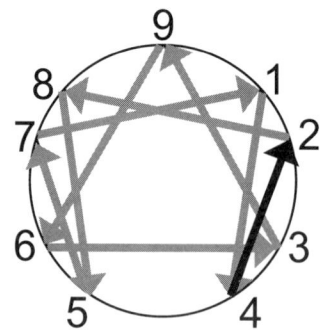

第六章 突破弱点——九型人格发展自我之道

的同时,不在意对道理或者说对情绪、情感背后的原因的解释,给人一种无理取闹的感觉;此时又像5号一样,面对他人的误解以远离他人的方式,沉浸在属于自己的情感、情绪世界中;并且像7号一样对于沉浸其中产生了一份自我享受的感觉(你们不理解我,我自己理解就可以了);又像1号一样,认为自己就应该经历或忍受这样的误解;最终成为沉浸在"忧郁、悲情"的情感世界中恶性循环的4号人格。

4号的良性整合策略是:4号关注自己内心的感受并能够像1号一样冷静分析自己内心感受的由来,把这些感受与由来系统地记录下来,以此作为自己今后人生的经验参考;再像7号一样,通过整理这些人生经验转移视角,真正关注自己内心的喜悦以及积极的情绪、情感,并能够留意到自己的兴趣;再像5号

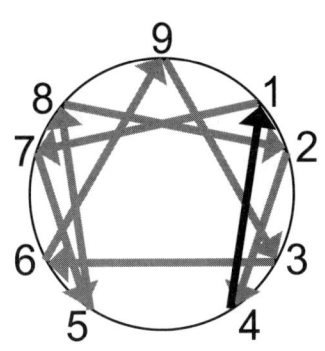

一样,让自己拥有独处的空间和时间,并真正利用这一空间和时间去思考自己人生的意义(指向积极的、自己兴趣的),并策划发挥自己的兴趣体验各种经历的行动;再像8号一样积极地采取行动,勇敢地面对自己可能经历的一切,并不断通过对现实的体验感悟自我存在的价值;再像2号一样把这份人生的感悟分享给更多需要帮助的人,真正应用自己的感悟,引导身边的人活出更加精彩的人生;最后享受把对生命的感恩分享给身边更多人而收获的具足感。

4号修养身心的方法推荐

● 参加一些艺术类的及以艺术的方式开展的身心灵成长的活动,以培养自己在艺术方面的感受性,增强自己对存在价值的积极态度。在扩展自己的人际圈子及建立更多志同道合之关系的过程中,觉察自己内在的真实渴望。比如参加艺术节、音乐节、画展、读书会、电影会等艺术

类活动；参加音乐艺术灵修工作坊、葛吉夫灵性舞蹈、灵气冥想、香薰疗法等。

● 参加一些人际关系交往技巧的课程，通过学习和锻炼，培养自己有效与人相处的社交能力；同时参加一些沟通技巧的课程，锻炼自己通过语言精准地表达自己内心的感受的能力。比如：萨提亚模式工作坊、检定语言模式技巧、暗示语言模式技巧、心理剧工作坊、九型人格职场攻心术、九型人格恋爱心法等。

● 参加一些写作或者编导技巧方面的训练，以此培养自己系统地整理和记录内心的感受以及生活经历，并能够有效地表达它们，从而作为自己人生的宝贵财富，愉己助人。比如：中文写作技巧、戏剧创作技巧、职业生涯规划技巧等。

● 推荐书籍：《生命的重建》《与神对话》《开启的世界：幸福从未离开你》

第五节 5号人格弱点分析与突破法

5号的行为困扰

● 5号比较关注自己对知识的渴求，以学术研究的方式在自己的空间里独处，并享受思考、研究成果给自己带来的充实，但过分远离人群沉浸在自己的思考中，让5号失去了把所学知识以及研究成果应用在实际生活中的机会，另外也得不到与人分享的真正快乐。久而久之，5号产生一种得不到志同道合之人关爱的孤独感，这份孤独感又加重了他们内心的空虚感受，但是5号一旦遇到情绪、情感体验便立即退守到自己的空间继续研究的逃避习惯，让他们更加远离人群，并且更加不懂得表达或宣泄自己的情绪、情感，陷入一种孤独的封闭状态中。

● 5号在职场中认真、缜密、客观的工作风格以及任劳任怨的工作态度，既能够确保工作目标的达成，也会造成过分关注工作过程中的各个方面,潜心研究这些可能会导致精力被过分占用带来的工作效率降低的情况。同时,5号太过沉迷于收集资料及做各种分析的技术性工作,再加上他们本身不太喜欢直接做出决定的特质,导致他们在面对需要迅速决断的工作时,也总是先收集各方资料,然后,做系统化地缜密分析,再把分析结果进行团体讨论,力求达到共识。最终再根据共识的结果做出决定,而一旦团体讨论过程中出现了他们未预料到的情
况,他们就又会针对这一新情况进行新一轮的收集资料、分析、整理、讨论……导致工作进度严重拖延,并给人一种有些时候的想法或分析太不切实际的感觉。

● 5号在情感交往中容易给伴侣一种忽视其存在的感觉。因为他们太过于沉浸在研究学术的自我世界中,导致对家中事务的忽略。同时,他们对于物质生活要求不高的特质,也会让他们不懂得享受物质上的浪漫。另外,5号在情绪、情感表达上的不足,让他们一方面内心渴望被自己的爱人关爱和理解,另一方面又疏于对爱人关爱行为感激之情的表达,造成双方的距离感,从而让5号的内心又总是收获被关爱的感觉,进而再次体会到孤独的情绪。此时,5号友又把解决这份孤独感当作课题,继续沉浸在自我孤独的研究状态,导致双方的距离越来越远。5号对伴侣表示关爱的行为,大多集中在帮助他们处理好家中事务,以便让他们有时间去研究思考。对于那些制造浪漫气氛或添置衣物等行动,他们没什么兴趣,虽然他们能够理解这是你对他们爱的表达,但相比于帮他们处理家中琐事以方便他们研究来说就无关紧要了。所以,5号对爱人渴望生活情趣感受的漠然,会使双方的情感生活了然无趣。

5号成长中的缺失

● 5号过分喜欢独处、沉浸于自我思想世界的态度和行为,让自己失去了在生活中亲身体验各种生活事件并体会其中感受的机会,也因此失去了把这些亲身感受真正转化为生命中宝贵的人生财富的机会。所谓"实践得真知",5号失去了在实践中运用并通过自己所学帮助他人之后收获成就感的机会,亦会因此失去与身边人的"真性情"交流,无法全然地投入放松自己的状态并享受兴奋、刺激的感觉的机会。

● 5号在人际关系上的抗拒态度,导致他们很难在工作中真正融入与他人合作的融洽关系中,也因此失去了身边人对他的关怀和帮助。同时,他们疏于言语表达以及自我封闭的状态,也让他们失去了通过帮助他人而收获认可、感激、赞赏并体会自我存在的价值感的机会。

● 5号在情感交往中,习惯性的冷漠态度以及抗拒情绪、情感的行为方式,让他们错失了与自己的爱人表达爱意的机会。同时,他们把一切都系统化、条理化的思维方式,也让他们在表达爱的时候过于刻板、理性太强,从而失去了爱的感觉。再加上他们对爱人感受和需要的忽略及对家务事的回避,导致他们错失了更多与自己的爱人感受彼此关爱和享受甜蜜幸福生活的机会。

5号需要突破的人格瓶颈

● 5号在工作生活中要懂得转换视角,将焦点从"自己总是还有太多的不了解而不敢行动"转移到"相信自己今天已经掌握的知识足以在实践中帮助自己收获更多"这个方向上来。因为,如果5号总认为自己

第六章 突破弱点——九型人格发展自我之道

当下知道得不够，然后根据这个原因去学习，即便学习结束，仍旧会产生新的问题，这样一来就会把自己永远限定在一个又一个的"框"中无法自拔。所以，首先看到自己已经掌握的知识，并从自我沉浸的思考世界中走出来，把这些知识应用在生活中，一方面检验他们，一方面能够因为亲身体验而收获更加系统的人生感悟，真正突破内心的"框"而不是让"框"变得更大。

● 5号人要懂得在生活、工作中锻炼自己主动与人沟通的能力，特别是主动地表达内心的感受，并向对方表示关心、支持的态度尤为重要。因为原本就已经被5号条块划分的朋友圈子本身就会限制很多情感的表达，也会因此让彼此疏于关心，再加上5号不善于表达的冷漠感，更会让5号陷入紧张的人际关系当中了。所以，学习一些主动沟通的技巧，以及有效表达内心情绪、情感的方法，锻炼和提升自己在工作生活中与人相处的能力，对5号来说恰恰是非常重要的学习。

● 5号要留心照顾一下自己在物质生活中的状态，不要过分沉浸于精神世界，而忽略自己饮食起居方面的需要。留意打点一下自己的外在形象，因为别人会由于你不修边幅的形象而对你产生距离，甚至报以情绪的反应，而你亦会因为他们的态度而远离人群。这样，对双方都没有好处，要知道朴素当中亦包含整洁和得体。另外，要注意锻炼身体，过于安静、静止的状态以及长期忽略饮食起居方面的保养容易让自己的身体素质下降，适当的体育锻炼可以强壮自己的体魄，同时还能够让自己从奔逸的思维活动中抽离出来，体验和收获身体存在的充实感，也能培养自己的行动力。

5号成长的恶性循环与良性整合

5号的恶性循环是：5号关注自己在知识上的满足，要求自己一定要知道得足够多，不断地研究和学习；像7号一样，以沉浸在自己的世界中研究和学习为乐趣，并享受独自学习、思考的状态；但总是发现有自己不了解的东西，像1号一样，产生自己必须学尽天下知识的"理应如此"的自我要求；再像4号一样继续强化自己以往失去了很多东

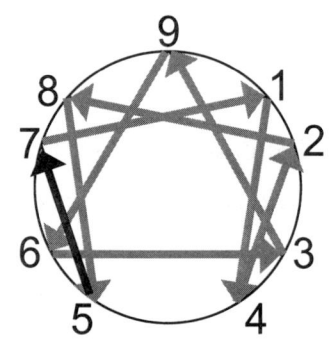

西，加强学习和研究以此来填补内心的空洞；又像2号一样渴望被人接受、被认可自己的研究和学习成果，经常提出一些关于细枝末节的建议，反而让人厌烦；但他们回避或抗拒情绪的态度又向8号一样，仍旧以喋喋不休的建议指导身边的人；最后成为一个满腹经纶却全无用处的恶性循环的5号，给人一种不切实际的空想家的感觉。

5号的良性整合策略是：5号在追求知识上的充实的时候，意识到自己要通过应用已经掌握的知识和资源，以身体力行的方式从实践中收获更多知识；此时便像8号一样以果敢的行动来对自己所学进行验证，并能够继续系统地整理理论与实践相结合后的经验；再像2号一样能够把这些对生活有价值的经验主动地分享给那些有需要的人，并以此作为关

第六章 突破弱点——九型人格发展自我之道

爱身边有需要之人的表达方式；再像4号一样，感受因为自己的付出而收获的赞赏、认可和感激，并享受这份与人互动时的情感体验；再像1号一样，把这些情感的体验再次整理，并从中体悟自身存在的价值；再像7号一样，沉浸在这种总结经验、分享给他人并收获成就感的真正的充实状态中；成为一个引用

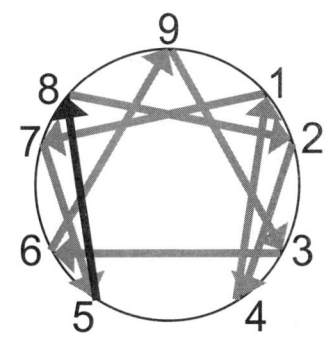

自己所学和谐生活并帮助他人成长的良性整合的5号，给人一种睿智的感觉。

5号修养身心的方法推荐

● 多听一些放松精神的灵修类的音乐，并且配合音乐开展对自己生活的构想，以想象画面的方式来憧憬自己在现实生活中采取行动时的状态，以此锻炼自己付出行动体验生活的勇气。同时可以听一些舒缓的、感人的音乐，以此来体验自己内心情感的变化，并能够帮助自己有效地敞开心扉。另外多参加一些社会义工的活动，让自己主动地帮助别人，已能够通过这些社会实践感受人们内心的需要和爱的感激。

● 参加一些语言表达训练的工作坊或者沟通技巧类的课程，通过学习掌握和培养自己主动表达情感和内心需要的能力，并以此增强在人际关系中的处理能力。如暗示语言模式训练、情商沟通技巧训练、人际关系全面技巧、萨提亚模式、九型人格职场攻心术、九型人格恋爱心法等。

● 参加一些冥想训练、催眠训练以及瑜伽等工作坊活动，通过对自己身体存在状态的觉察来唤醒内心爱的需求，并通过冥想、催眠等技巧的训练掌握和培养自己视觉化的思维模式，并因此而产生对采取行动体验生活的勇气，如冥想瑜伽、灵气冥想、夏威夷催眠、转念作业训练等。

● 推荐书籍：《怦然心动的整理魔法》《一生的学习》《潜意识的力量》

第六节 6号人格弱点分析与突破法

6号的行为困扰

● 6号过分关注环境中的负面情况，并以解决这些可能发生的负面情况作为自己行动的目标，并因此产生了一份怀疑和不信任环境的态度。同时，这份态度融入人际交往的过程中，他们一方面渴望收获身边人的理解和支持，并为了得到这份支持，以忠诚和勤奋的行动来表现，但另一方面又总是以这份怀疑的态度来对待身边的人，并在行为中不自觉地表现出试探和防御的感觉，反而引起了身边人以同样试探和防御的态度来回应自己，而这份感觉又加重了6号内心的不安全感，并因此陷入了究竟是继续好好表现争取环境的支持，还是彻底与这些不信任自己的人隔绝、转换新环境的内心矛盾中。

● 6号在职场中，由于过分地担忧工作中可能出现的问题，并把这问题所带来的影响直接构建在人际关系的反应上。也就是说，6号在职场中非常关注身边人对自己的支持和信任，为了这份信任他们会不惜牺牲自己的利益而维护团队关系。但正是因为他们对这份信任的过分关注,导致他们在工作中容易把焦点放在人际关系的变化上,并因为过分追求人际关系的安全而遗失对本职工作业绩目标的追求。同时,也会让自己过于陷入分析和猜测身边人的想法和动机的思维中,让行动力更加减弱,并因此更加强化了一份传递给他人的怀疑和不信任的感觉,让自己慢慢地被团队隔离。

● 6号在情感交往中,因为担心自己最真实的表达情感会在爱人面前暴露自己内心的脆弱,并有可能因此造成爱人对自己的厌烦,甚至离开自己,因此更加以理性的方式将精力关注在自己的付出行动上,并希望以这些忠诚于对方的付出行动来赢取爱人对自己的忠诚和关爱的回报。但其本身的多疑和不信,任导致他们非常强调以逻辑的梳理来得到爱人忠诚自己、关爱自己的"证据"(需要以"理"服人),并以这证据来获得内心对忠诚度的肯定感觉。但他们怀疑的态度以及时刻表现出的试探性,很容易让爱人感受到不安全感,进而让双方陷入争论安全感以及情感付出与回报的"理"论之中,让彼此更加感受不到爱及安全感。

6号成长中的缺失

● 6号在生活中由于太过于担忧和恐惧自己可能遇到的各种风险,总以一种焦虑、紧张的状态面对生活,因而失去了一份享受轻松自在、无忧无虑生活状态的机会。同时,他们对环境和人的不信任的态度,也让他们总是以试探性、防御性的方式来对治环境与身边人。因此,有可能错失了与人真心交往、真正以信任的态度建立信任关系的机会;亦会因此失去了获得他人对自己的真正支持并收获安全感的机会。

● 6号总是希望自己能够在一个依靠之人或环境的保护下行动、不愿独自面对决定的"老二"心理,让他们不但在生活中面临决策时候因豫不决而失去最佳收获的时机,亦会因此错失体会自己独立做出决定并采取行动收获的那份成就感及由此带来的自信心的机会。另外,这份过分追求依赖感的态度,也会让6号容易因他人态度上的细微变化而出现被抛弃的感觉，亦会因此失去对自我存在真正价值感的追求。

● 6号因为担心转变所带来的风险以及可能出现的负面情况，便过分安于当下的"安全状态"或"安稳环境"中，虽然避免了可能发生的负面情况，但也因此失去了有勇气付出行动实现自己的梦想，并勇敢面对实现梦想过程中出现的各种可能的机会，同时亦会失去成就自己梦想时所收获的那份内心的喜悦、充实的感觉。大多数时候，6号都被那些所谓的安全感限制住了，并因此失去了感受突破自我限制之后内心感受真实的安全感的机会。

6号需要突破的人格瓶颈

● 6号要懂得真正客观冷静地审视自己（而不是过分判断别人），觉察自己是否长久以来过于陷入了对未来可能存在的风险过分的臆想之中，并太过于想象那些危险或负面情况而让自己沉浸在自己制造的恐惧和焦虑之中。要学会扩大自己的焦点，把精力转移到关注生活中的积极方面，多多地注意到自己已经具备的逻辑缜密的思维分析能力以及行动力，并鼓励自己通过这些能力采取行动创造属于自己的未来，享受创造过程以及成果实现时内心的富足感。要经常回忆自己过往的成就，并从中逐渐构建自己的自信心，以转化在有一个想法的时候指向未来风险的习惯思维，

从犹豫不决转为果敢行动,并在每次行动取得成就之后,对这份成就进行逻辑的梳理和总结,并从总结中继续增加对自己的自信。

● 6号要学习多一些勇气来面对自己的梦想,即便是自己并不能完全地确保这些梦想最后一定是积极的结果并因此充满恐惧,仍旧要鼓足勇气大胆地采取行动,努力地去为了最好的结果而奋斗,并不断以关注积极正面结果的态度激励自己面对过程中的种种阻碍。要学会给自己创造一些冒险和刺激的机会,从中锻炼自己的胆量,并且通过这些锻炼真切相信自己的行动力和缜密的计划是战胜一切阻力的关键。对自己产生绝对的自信,并因此收获真正源自内心的安全感。平日里多做一些团队性的运动,如篮球、足球等讲求团队配合的运动,在运动中体验彼此默契交流以及真心配合的感受,并享受团队成就带给自己的充实感。锻炼自己改掉一些平日里负面的口头禅如"不过……很好……但是……因为……所以我不可以……"变消极为积极。

● 6号要懂得,在实际生活中其实并无"好与坏"的选择,所谓的"好与坏"只是不同的选择而已,亦要懂得不同的选择可以给自己带来不同的体验,而这些体验都可以让自己通过行动的成就而收获内心的安全感。同时,亦因为这份体悟,锻炼和发展信任自己及信任他人的能力,真正成为自己的主宰与他人的支持者。

6号成长的恶性循环与良性整合

6号的恶性循环是:6号过于关注环境中可能出现的负面情况,因此格外敏感环境中的人、事、物的细微变化,针对这些细微变化进行逻辑梳理,以此分析或猜测变化背后的动机或意义是否对自己造成伤害。当这份敏感与人际关系的变化结合起来时就会像3号一样,过分追求人际关

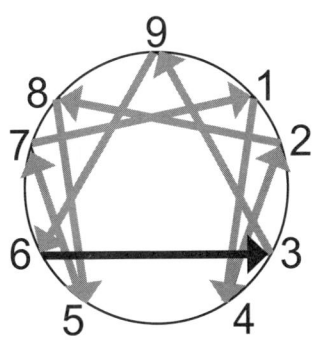

系上表面的认同或赞赏，会把大量的行动力和焦点都集中在这些表面现象上而迷失了原始目标；又像9号一样总是感受到他人对自己的遗忘或离弃，把这份担忧看作自己最大的恐惧，并沉浸在关注自己内心恐惧的状态中，陷入无休止地分析和揣摩人际关系的思维中，总结出许多判断他人"对与错""好与坏"的"道理"，同时，用这份道理来强调自己的正确和存在的状态；最后成为一个行动力低且固执己见的过分担忧焦虑的人，给人一种虚伪且固执的感觉。

6号的良性整合策略是：6号能够懂得转换视角，从过分关注可能存在的负面情况中抽离出来；像9号一样，首先关注到自己内心的感受，以积极的视角觉察到自己当下已经具备的能力和智慧，认真体悟生命中的爱与被爱的感觉，并以这份感觉作为自己当下的勇气和安全感的来源；然

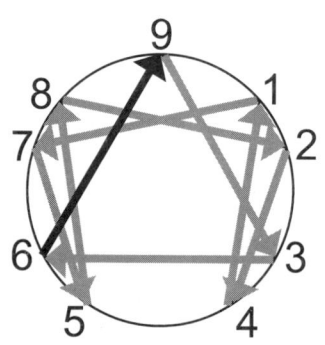

后，像3号一样懂得为了自己的梦想而付出行动，勇敢地面对行动中的各种可能，并把焦点都集中在对行动结果实现的追求上，不断激励自己；同时应用6号的逻辑梳理和计划性，把事情的各种可能真正地把握在自己的预料之内，及时总结经验，不断积累自信；成为一个思维敏锐、逻辑清晰、行动力强且脚踏实地的创造自己未来的人，给人一种稳重踏实的忠诚感。

6号修养身心的方法推荐

● 多听一些放松心灵的音乐，并在音乐陪伴下展开想象，以画面的方式设想自己的未来，看到自己在未来采取行动和取得成就时的样子，并以此增加自己的勇气。可以练习"肌肉渐进放松技术"，让自己彻底放松并感受身心灵放松之后的安全感。

● 参加一些认知行为技术的工作坊以及投射技术的工作坊，通过在

工作坊中对技术的学习锻炼,学会逻辑梳理感受自己内在情绪、情感的技术,并且通过投射技术来觉察被自己压抑的内在价值以及梦想,发现自己的动力,增加自信,如NLP神经语言程式学工作坊、认知行为技术工作坊、图画心理投射技术、箱厅心理投射技术等。

● 参加一些情商课程以及沟通技巧课程,在情商课程中训练自己的情感表达和情绪表达能力,锻炼自己觉察他人情绪、情感的能力;在沟通技巧课程中,训练自己直接表达本意的交流能力,避免传递猜疑或不信任的感觉而造成不必要的误会,比如情绪管理全面技巧课程、情商全面技巧课程、检定语言模式技巧、九型人格职场攻心术、九型人格恋爱心法等。

● 推荐书籍:《一念之转》《空杯心态》《宽恕就是爱》

第七节 7号人格弱点分析与突破法

7号的行为困扰

● 7号关注生命中的快乐、轻松的感觉,积极追求和体验各种环境中的新奇、刺激的事物来保持自己内心的愉快感觉,但因为过于追求表象上的快乐而忽略了内心对快乐感觉本身的渴望,让自己过分压抑内心的恐惧,或以追求外在快乐事物的方式来逃避恐惧。同时,这些追求外在快乐事物的选择,就成了众多合理化的借口,让自己一旦遇到问题或困难的时候,就能够以各种合理化的理由回避困难或不去面对问题的真相。虽然有大量的外在快乐事物用于填补自己的时间,让自己无暇顾及这些困难以及问题,但那些问题和困难并不会因此而自动消失。这就让7号内心产生一种复杂的矛盾冲突:一方面清楚地意识到自己内心长久以来被压抑的恐惧以及问题并没有解决;另一方面,又因为这些压抑本身就是一种负面情绪的体验,让7号不愿面对,因此越是意识到问题的存在,越是无法真正采取行动去解决,反而更加以追求外在快乐的方式来闪避，进而让自己陷入"应该与否"的内在挣扎中。

● 7号在职场中具备很强的自发性和自主性，在行动力和创新意识方面亦表现出色，但他们追求自由、不喜欢被限制的内在驱力，导致他们把任何一个指向自己想法或工作方法的建议，都看作是对自己的管束，并因此会产生一份抗拒的心理。这会造成他们害怕自己因为工作失误而引来更为严重的管束，便会自动地选择一些简单的、容易达成目标的工作任务去承担，甚至对于自己原有的本职工作也会按照难易程度将其划分为若干的部分，并着重追求完成简单的部分，这就会让自己的工作效率和质量降低，并因业绩的低落而感受到更大的压力，此时7号便会产生一种想要彻底逃避的态度，更为消极地面对工作以及环境，从而彻底失去了工作的焦点以及积极性，一方面继续维持现有的工作表现，另一方面关注外面更好的工作环境，陷入一种心不在焉的状态之中。

● 7号在情感交往中，同样会因为过分关注追求外在的快乐而忽略掉双方内心的感受，并总是以营造各种生活中的新奇、刺激的体验，作为让双方维持快乐感觉的方式，但有可能因此掩盖了各自内心想要表达的情绪，亦会压抑两人之间所存在的问题。而7号又能够觉察到两人之间可能埋藏的隐患，这就像他们对自己内心的恐惧感总能够有一份清晰的意识一样。由于过分逃避面对这些恐惧，便加重了问题或隐患

的积累而让内心担忧与日俱增，这份内心的担忧又会让7号更加以占用更多生活时间的方式让双方无法真正面对彼此进行沟通。久而久之，双方都会感受到彼此之间的鸿沟越来越大，而7号也会因为对这道鸿沟的恐惧而无法做出爱的承诺，让双方陷入缺乏安全感的恋爱马拉松中。

7号成长中的缺失

● 7号在生活中，因为过分追求外在的快乐，而失去了勇敢地面对内心的恐惧并通过行动解决问题战胜恐惧之后体验内心真正快乐、平静的感觉的机会，同时，也失去了彻底走出被沉闷、恐惧所控制的困境的机会。

● 7号对各种新鲜、刺激、有趣事物的兴趣，造成他们大量的精力被同时追求太多的事情所分散，导致他们对于事物的追求往往是蜻蜓点水，兴趣爱好也总是很短暂的感觉，并因此失去了深入了解事物、发现自己的真实兴趣并享受在对兴趣追求的无限机会，也同时失去了一份持之以恒的精神，并因坚持不懈而有机会展示自己的才华，收获真正的快乐的机会。

● 7号在人际交往中因为过分占用时间来追求彼此快乐的感觉，导致双方反而没有时间进行真正的内心交流，亦会因此失去与人情感交流、建立深厚友谊的机会，同时，也会因此失去对彼此做出承诺并感受一份诺言所带来的安全感的机会。

● 7号回避内心恐惧的态度以及意识习惯，让他们同时忽略了内心恐惧背后所蕴含的成就感，导致他们虽然以追求新奇、刺激、有趣的事物来保持自己当下的快乐，但是却失去了真正活在当下，感受内心情绪、情感并因此体悟自己已经身处在快乐、轻松状态的机会。

7号需要突破的人格瓶颈

● 7号在生活中要懂得学习活在当下的状态，明白生活当中真正的快乐和具足感源自对生命全部的体验，也就是说，生命之中不但有快乐亦会经历悲伤，而经验一切才能够体悟内心真实的喜悦。多些精力放在培养自己的毅力上，并把勇气放在面对和接受生命中的沉闷、痛苦等方向上。

● 懂得凡事三思而慎行，对自己的新创意、新想法要仔细分析并预测各种可能，精心策划行动过程以及细节之后再作出行动，以确保行动的效果，并避免因为过度乐观以及行为太过张扬而让自己遭受误解或经历损失。因此要懂得学习和遵守生活中的一些规律或规则，这些规律或规则是社会生存的基本防御机制和生存策略，对这些策略的遵守并不意味着要牺牲自己的自由，反而会更好地让自己享受内心的自由、快乐。

● 7号在生活中切忌同时追求过多的事物，避免对外在快乐的贪心，要学习专注于一件事情上，分步骤地完成，减少手头上同时开展过多的工作或事情，确保自己脚踏实地地收获一个接一个的成就感。当自己遇到问题或困难的时候，提醒自己不要用追求外在快乐的"合理化"的借口欺骗自己，让自己有理由逃避问题，回避沉闷的状态。要懂得越是体验到内心的恐惧，越是要觉醒自己发现恐惧背后的问题或困扰的真相，并勇敢地面对这些恐惧，采取行动战胜它们。

● 在生活中，要懂得给自己制定严格的作息计划并关注自己的身体健康，确保自己能够有规律地生活、工作。不要因贪玩或任性而颠倒生活规律，长久以往，再充沛的精力也会受到损伤，在饮食上亦要注重健康合理化，切忌暴

饮暴食和偏食挑食。多一些轻松、舒缓的运动来放松自己的身心和调整自己的生活规律。

7号成长的恶性循环与良性整合

7号的恶性循环是：7号过分关注外在的快乐感觉，但同时意识到内心所压抑的恐惧以及造成这些恐惧的问题依然存在；此时像1号一样，内心出现各种"应该"与"不应该"的标准，并以这些标准作为自己逃避行为的"合理化"借口；然后像4号一样，过分关注自己内心对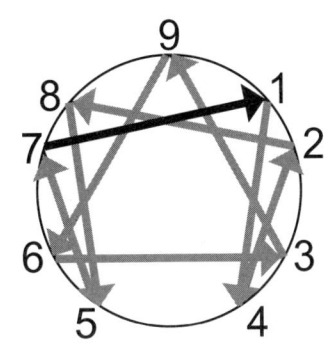快乐的感受，并以这份感受强化"合理化"的借口；像2号一样把这些"合理化"的理由与人际关系联系起来，渴望身边人能够理解自己追求快乐的意义；又像8号一样，以控制式的行为风格要求身边的人配合自己追求快乐的行为及生活节奏，同时更为强调自我而忽略身边人的感受，导致他人对自己的厌烦；此时便像5号一样，退守到自己的空间，并仍旧通过追求各种刺激、有趣的体验，独自享受一份属于自己的快乐；成为一个沉浸在追求外在快乐并逃避现实的恶性循环的7号人格，给人一种"脱离现实"的"自娱自乐"的感觉。

7号人良性整合策略是：7号在追求快乐的同时，能够给自己独处的时间和空间；像5号一样，冷静、条理地思考自己追求的生命快乐是通过解决问题、战胜恐惧而实现的；再像8号一样，勇敢地面对内心的恐惧，并果敢地采取行动来解决问题，并收获真正的成就感；再像2号一样，将自己战胜困难的经验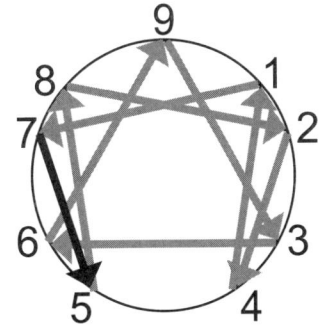

应用在帮助他人解决问题的事情上，并能够觉察对方内心的感受，通过助人的行为及真情的交流，得到身边人的感谢与认可；再像4号一样能够关注自己在言行中所体验的全部情绪、情感；再像1号一样，将这些情绪、情感进行清晰的整理，并从中发现自己已经拥有的能力和才华，以及仍需努力完善之处，最终成为一个活在当下的快乐成功状态之中的良性整合的7号人格，给人一种懂得享受完整的生命体验的"悠然自得"的感觉。

7号修养身心的具体方法

● 多参加一些瑜伽、气功等舒缓的、平和的运动训练，通过这些平和的运动锻炼自己的耐性，并在安静的状态下感受自己内心的情绪、情感。让自己真正拥有一个宁静的独处的时空，并在这个时空中为自己补充能量，如腹式呼吸练习、太极拳、瑜伽功练习等。

● 参加一些静心训练的工作坊，通过静心技术的学习和训练，帮助自己彻底放松身心，并安住在一份宁静的状态中，以此来觉察内心已经拥有的快乐、轻松状态。同时，让自己跟随内心的感觉神游在丰富的生命世界中，并从中体悟到真正属于自己的生命本身之快乐价值。如奥修、亢达里尼静心（奥修的一部分）、合一静心、灵气冥想技术、七色光轮冥想技术等。

● 参加一些情商课程以及职场生存技巧的课程，通过课程的学习掌握生活以及职场中的一些基本生存策略和规则，并懂得应用这些规则为自己构建真正轻松、快乐的生活、工作环境，如情商管理全面技巧、职业生涯开发与管理全面技巧、职场生存全面技巧、九型人格职场攻心术、九型人格恋爱心法等。

● 推荐书籍：《专注的惊人力量》《恐惧的由来》《自由是什么》

第六章 突破弱点——九型人格发展自我之道

第八节 8号人格弱点分析与突破法

8号的行为困扰

● 8号为了追求"主宰自己人生"而时刻都要让自己表现得威严、强势，充满霸气，因而总是以一副对抗、战斗的态度和架势面对环境，并以此来保持自己掌控一切的地位。在人际关系中经常以否定的方式、挑衅的态度表现出对抗他人、维护自己威势的状态，给人一种盛气凌人的感觉，同时8号会否定自己软弱的一面，总是给人一种整装待发、严阵以待的感觉，因为他们认为一旦示弱就会被人乘虚而入，伤害自己，所以，一定要时刻保持霸气、强硬的状态。但是长期以来的盛气凌人甚至是嚣张的气焰，反而引起了身边人对自己的对抗和攻击，这又让8号内心的战斗欲望更加强烈，以更为强势的态度和霸道的行为来捍卫自己的"领导地位"，从而陷入无休止的战斗之中，让自己身心疲惫。特别是当自己独处的时候，更是会感受到内心的脆弱而产生一份无力感。

● 8号在职场中为了证明自己的领导和组织能力，时时处处表现出带领大家一起拼搏的劲头，并且经常主动地为了主持公道而帮助办公环境中的人处理一些事情，给人一种义

气大佬、好管闲事的感觉，但是由于他们硬朗的作风以及对抗式的表达方式，导致他们的工作表现过于强势，也让他们的人际关系陷于紧张的状态，他们更为关注工作中导致不公平事件的人，这是他们内在追求光明磊落的特质所致，以至于有些时候给人一种对人不对事的感觉，也因此让他们成为众矢之的，原本公平、公正地主持公道，久而久之却因为对所有人都发生过争执而成为大家联合起来对抗的目标，此时8号会更加以战斗方式来对抗环境，同时因为衡量"敌我"实力之后，更加采取迂回策略、分而治之的战术，慢慢拉拢"自己人"、构筑坚实的阵营以确保最后胜利，从而让自己无意中成了办公室政治的制造者，并深陷斗争之中，心力交瘁。

● 8号在情感交往中，对伴侣也会以"忠义"之心对待，他们总是会主动担纲家庭责任，并承担任何方面保护伴侣不受伤害的"狠角色"。同时，他们慷慨大方的态度亦会不吝惜为伴侣满足各种物质生活上的要求。但是他们也会因此要求伴侣能够忠贞不贰地跟随和支持自己，并在任何环境中都要维护自己家中领导的威信，给人一种一家之主的家长式的感觉。这样，就会因为过于强硬的管教态度及经常为家人做主的行为方式，导致在生活中容易忽略家人的感受及对情感的需要，从而让家人产生抱怨。但当面对抱怨时，8号又会认为是家人的事情而不予理睬，甚至更会认为这是向自己的家庭威信的挑战，反而以更加强硬的方式"严加管教"，造成家庭环境的不和谐，从而失去了自己最后一块可以安全地放松和表达内心脆弱的阵地。

8号成长中的缺失

● 8号一如既往的战斗状态，严阵以待的威严气势和飞扬跋扈的行为风格，以及主持公道、保护自己人的大佬义气，虽然可以威慑环境并让自己保持一个他人绝对敬畏、服从的身份、地位，但却有可能因此失去让身边的人真正走进自己，并觉察自己的需要或困扰，主动为自己提供帮助、主持公道的机会。过分强硬的外表，掩饰了内心渴望被人关爱和支持的需要，亦让他人觉得一个平日里总是赴汤蹈火为身边人付出一切的"强者"，自己怎么可能有搞不定的事情呢？而8号也因为觉察到他人对自己的这份感觉，而更加不愿表达内心的渴望，担忧一旦提出需要就会被人看不起，从而失去强者的威严。殊不知，这一切恰恰是自己没有勇气面对内心渴望被关怀和帮助的需要而造成的，也因此失去了脱去虚假的强者武装、享受他人关爱和帮助的机会。

● 8号不愿面对自己内心的脆弱以及回避情感表达的态度，让他们失去了真正坦荡地面对身边人、坦然地表露自己内心感受的机会，也因此失去了与他人以真情实感作为交往元素、彼此将心比心地建立深厚情谊的机会。过分地强调和维持自己的王者风范，以控制和压迫的方式让身边人服从，以赴汤蹈火的义气让身边人认可自己，这一切行为只能在现象上让他人表现出对自己的需要和依赖，而在内心有可能早已经与如此强势的你保持距离了。虽然8号身边朋友众多，但真心交往、可以关注到8号内心的感受并给予支持和帮助的知己却不多。

● 8号在家中也要建立威严、保持强势地位的表现，让他们失去了家庭对自己的保护，也失去了能够与爱人袒露心声，感受爱人关怀、体贴的机会。同时他们过于严厉的管教式的作风，也让他们失去与家人一起享受轻松、和谐的生活状态的机会，失去真正能够退去武装，彻底疗愈内心脆弱、创伤的家庭环境的机会。

8号需要的人格瓶颈

● 8号在生活中要懂得好好地对待自己，不要为了追求"自我的主宰"而太过于竭力拼搏，久而久之会让自己身心俱疲。要学会面对自己内心温柔、脆弱的一面，并因此能够体会自己内心的情感以及对情感的渴望，并能够真心流露出内心的感受，以情感交流的方式与身边的人互动，并建立深刻的情感联结，收获真挚的友谊。时刻留意自己的言行是否过于强硬并给人一种霸道的感觉，调节自己因为内心感受到挑衅而迸发出的战斗情绪以及内在的与环境战斗的冲动，以平和的心境、舒缓的方式与人进行交流，让自己构建的虚拟战场消失。

● 8号在与人相处时，要学习耐住性子，忍住自己的脾气，等待对方自己决策和采取行动，不要操之过急地为别人做出决定，并因为对方的谨慎和细致就感觉对方行动太过缓慢。按捺住自己的冲动情绪，聆听对方的表述，真正了解事情背后的真实情况，而不要武断、专横地对表面现象作出判断。要知道，所有的"大事情"之中都包含所有细节的全部，因此，懂得冷静地聆听他人有关事情全部的建议，避免因为冲动而影响大事情、大成果的实现，才是真正的领导者具备的主宰一切的实力，切忌"小不忍而乱大谋"。在与朋友聚会、应酬的时候也要懂得节制，不要因为一时的义气而造成对自己身体健康的伤害。

● 在与别人发生意见不合或争执的时候，懂得以双赢为目标进行和平友好的协商，而不要以战胜对方为显示自己强势、霸气的方式。要知道，现实中无所谓孰是孰非，大家只是观点不同而已，当你静下心来彼此深入了解的时候有可能发现，原本对立的局面其实只是自己太过于强调面子而已,大家的最终追求或目标原来并无差异因此,学会耐住自己的情绪,克制自己战斗的欲望,即便是真的与人发生对抗的时候,也不要把他人看作"敌人",以和谐的方式,共同探索各自真正追求的效果,并以达成共识作为胜利的条件,让自己真正成为人生的王者。

8号成长的恶性循环与良性整合

8号的恶性循环是:8号对"主宰自己人生"能力的追求让他们只关注那些能够建立和保持自己强势、威严形象和地位的事情,抗拒面对内心的感受以及脆弱;慢慢地像5号一样,拒绝一切温柔的情绪与情感,并更为关注自己想要追求的目标或状态;又像7号一样一旦遇到对抗或负面的情况,便以更加硬

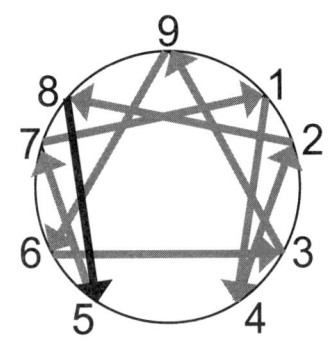

朗的作风和霸气的态度来对待,并以此逃避问题的真相;再像1号一样,强调自己的追求和决定是对的,并把"人就应该为自己的所有决定和行为负责"作为对人对己为人处世的标准,并通过各种强势行为来证明自己是对的,更加重了一种战斗的感觉;再像4号一样,对任何人向自己表达的意见都敏感地认为是要向自己挑战,并且要破坏自己的威势地位,另外亦会对身边的一切"小动作"非常敏感,认为这是在破坏自己地位的行为;再像2号一样,为了大家都能够公平、公正地生活而战斗和付出,反而却让大家产生惧怕的情绪,并有可能结成同盟,共同对抗自己,此时,8号就会产生一种自己内心被伤害的感觉(自己是为了大家,结果还被大家组团对抗);最后认为大家不够义气,不够尊重自己,更加以对抗一切的态度面对生活。成为一个蛮横、武断、不讲道理,活在虚拟战场的恶性循环的人,给人一种"专横、霸道"的感觉。

8号的良性整合策略是:8号在追求"自我主宰"能力的时候,能够

静下心来，细细体味内心的所有感受，包括温柔、脆弱；并因此能够像 2 号一样，懂得关注和体会他人内心感受以及情感的需要，并采取行动满足和照顾他人的情感，收获他人对自己的感激和认可；再像 4 号一样，能够感受到这些感激和认可对自己内心成就感和价值感的满足，又因此能够更为勇敢地面对自己内心的脆弱；再像 1 号一样，能够制定

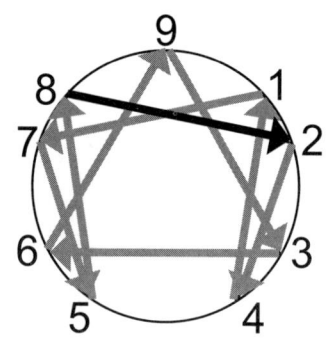

出具体的标准和计划来要求他人帮助自己解决问题，战胜内心的脆弱，并且，这些标准也是真正能够帮助他人与自己更好地实现人生目标的方法；再像 7 号一样，能够真正勇敢地面对内心的恐惧并采取行动战胜它，从而始终保持积极乐观的态度，并懂得让自己享受轻松、快乐的状态，同时也能够把轻松、快乐的状态带给身边的人；再像 5 号一样，懂得给自己宁静的独处时间，让自己系统地梳理内心的感受以及对长远目标的计划。最后成为战胜自己内心的恐惧并能够以感恩与慈悲的态度来面对环境、真正主宰自己生命的良性整合的人，给人一种和谐又不失威严、细腻又不失豪爽的王者风范。

8 号修养身心的方法推荐

● 多参加一些静心训练或体验的工作坊，在工作坊中给自己营造一个独处的环境，并学习和锻炼安静地觉察自己内心感受的技巧，让自己有机会能够彻底放松身心，并享受轻松的感觉。比如亢达里尼静心、灵气冥想静心、七色光球静心、熏香疗法等。

● 参加一些舒缓的体育运动，一方面锻炼身体，疗愈以往过量消耗所造成的身体损伤；另一方面通过舒缓的运动来锻炼自己的耐性，舒缓自己的冲动情绪，比如瑜伽、太极拳、马术、合气道等。

第六章 突破弱点——九型人格发展自我之道

● 参加一些情商技巧以及沟通技巧的课程，在课程中学习与人进行情感交流和管理情绪的方法；练习自己的语言表达方式，学习以平和、亲切的态度委婉地表达自己的意思，比如情绪、压力管理技巧、情商全面技巧、暗示语言模式技巧、九型人格职场攻心术、九型人格恋爱心法等。

推荐书籍：《你就是世界》《与自己和解》《心灵的七种兵器》

第九节 9号人格弱点分析与突破法

9号人格类型的行为困扰

● 9号在追求一种与环境和谐相处的过程中，由于担心自己体验到纷争和冲突的压力，要求自己一定要不断满足和支持身边人的想法和要求，并为了能够与人建立一种深度融合的关系，更加忽略自己内心的需要和感受，并以更为迎合他人、顺从他人的态度和行为来避免与人发生冲突，但过于压抑和忽略自己内心感受和需要的行为，亦会让身边人不了解自己的想法，并且因为过于迁就他人，反而让他人慢慢养成一种习惯性接受9号的迁就和支持的态度，同时，又因为这份态度而忽略掉自己的存在。这份被忽略存在的感觉，直接触动了9号内心害怕被人遗忘的深层恐惧。由于9号已经习惯了压抑自己不表达需要的状

态，从此更加认为自己存在的不重要，从而陷入麻木自己的内心感觉并以此逃避生活压力的状态中。

● 9 号在职场中为了维护办公环境中人与人之间和谐、融洽的关系，而很难拒绝他人对自己提出的各种要求，每当有人需要帮助并向 9 号提出要求时，无论 9 号当时正在做什么，他们都会立即放下手头事务，马上投入忘我地帮助他人的行动当中。这样虽然可以收获工作环境中人们的喜爱和赞赏，但是 9 号也因此忽略了自己本职工作的重要，大部分时间可能都身陷助人的活动中，而到下班时却发现自己的工作还有一大半没有完成。但由于 9 号不主动提出自己需要帮助的要求，导致很少有人能够真正帮助自己完成未尽的工作。再加上 9 号本身就很难对事情做出重要、优先的排序，导致他们在工作中经常处于一种没有焦点、松散混乱的境地，而他们对于压力的逃避又导致更多的时间以帮助他人作为自己工作的核心，进而让真正属于自己的工作任务越积越多，彻底被压力困扰。

● 9 号在情感交往中，也会过分关注爱人的感受和需要，并以不断顺从和迁就的方式来维护双方的和谐状态，并希望能够以此让爱人主动觉察到自己内心的需要。但他们一味地顺从，慢慢地让爱人产生一份习惯的感觉，并因此更加忽略甚至遗忘 9 号的需要和感受。久而久之，慢慢产生距离感，此时，9 号内心就会有一种被忽略且不被理解的不公平感，产生对彼此付出与收获之间不平衡的感觉，然而又担心因为自己的表达会引起争执，更加以迁就、顺从对方的行为作为暗示，来向对方传递自己渴望依赖对方并希望被关注的需求，然而，过度的顺从反而让对方产生畏惧和压力，并更加刻意地与自己保持距离，让 9 号陷入一种越是渴望越是得不到的内心矛盾与压抑之中。

9 号成长中的缺失

● 9 号在生活中过分回避冲突、避免纷争的态度，以及他们过于顺从他人、迁就他人、满足他人的行为，让自己虽然能够沉浸在一种表面的和谐和融洽之中，却因此失去了从冲突中学习感受真实的自我、发现内在的渴望并勇敢采取行动实现它们的机会，亦错失了因此达到内心真正平和的机会。

● 9号过分关注他人的态度以及帮助他人实现梦想，并把成就他人梦想作为自己梦想成真的价值感的行为，虽然可以是收获来自他人感激的快乐，却因此让自己失去了勇敢地追求自己内心的理想，或为自己做一些感兴趣之事之后所收获的属于自己的成就感的机会，也失去了体验自我成功后发自内心的喜悦感的机会。

● 9号在生活中过分压抑自己内心情感与需求表达的行为，虽然可以避免因为言多语失带来的误解，或者由于他人与自己立场不同而产生的纷扰，但是也因此失去了很多因为真实地表达需要和情感而为自己争取快乐的机会，也会因此失去体验彼此相互真情流露、袒露心声之后互相理解与帮助、付出与收获平衡的机会。

9号需要突破的人格瓶颈

● 9号在生活中要懂得学习重视自己内心的感受和需要，并能够勇敢地表达出来，学习主动地表达自己的想法和观点，积极地为自己做一些事情，争取属于自己的快乐和成功，静下心来认真地思考并分辨"谦虚"与"表现自己的实力"之间并不存在冲突，在现实中，也绝不会有人因为你表现出了自己的实力并因此收获了成就与快乐，从而对你产生抗拒或敌对的态度。你会发现，他们反而能够为你的喜悦而发自内心地祝贺和与你一起快乐。所以，勇敢地为自己争取理应属于自己的快乐和成功，并与人分享这份成功后的喜悦，才是真正收获"谦虚"与"表现自己实力"二者平衡存在的和谐状态之关键。

● 9号在工作学习中，要懂得静下心来，细细分析并逻辑地整理生活中各种事情的轻重缓急，并按照优先顺序将事情一一排列出来，确定一个完成事情的时间和目标，然后系统地制订行动计划，并督促自己一定要在事先计划的时间节点完成目标，以此锻炼自己面对压力的勇气和坚忍不拔的毅力，同时培养自己的系统思考能力，避免因为过于关注外在的和谐而失去对内心所追求之目标的意识，防止自己迷失掉对内心深层渴望的追求。通过这系统性思维的磨炼，培养自己独立做出决定或选择的能力，锻炼自己能够把时间从过分关注各种可能中存在的好处，转

向一方面发现这些可能中的问题，一方面更为关注自己内心究竟对哪些元素更为重视的层面上来，并以自己内心真实的需要为标准做出适合自己的选择。

● 9号在生活中要懂得学习适应改变自己已经习惯的状态，特别是改变那些对自己无意义的生活习惯，让自己能够勇敢地面对各种环境的变化，并从变化中体验到新的成就和因为应对改变而自我成长的喜悦，因此不再惧怕改变带来的不平衡感，懂得不再压抑内心的情绪及这情绪本身所蕴含的巨大能量，特别是懂得将愤怒在第一时间宣泄出来，并因此发现情绪背后内心的渴望或导致情绪产生的问题背后的真相，通过行动解决他们才能收获内心真正的平和。而压抑只能让这能量愈积愈大，到最后彻底爆发的时候不但不能解决任何问题，反而让自己感受到更大

的压力并有可能伤害到自己以及身边的人。另外,9号要懂得锻炼自己第一时间表达拒绝的能力,特别是当正在处理自己的事情或者他人请求的事情根本与自己无关,自己也没有能力去做的时候更要直接拒绝,不要以阳奉阴违的方式来对抗,这样只会更加伤害请求帮助的人。

9号成长的恶性循环与良性整合

9号的恶性循环是:9号关注环境中与人维持一种和谐、融洽的关系,但过于顺从的态度和行为让自己反而被他人忽略或遗忘,并因此触动内心的深层恐惧;又像6号一样,担心因为自己的表达或要求而让身边的人厌烦自己或引起争执,更加以牺牲自己的方式,暗示性地表现自己的忠诚和希望环境中的人注意到自己需要的内心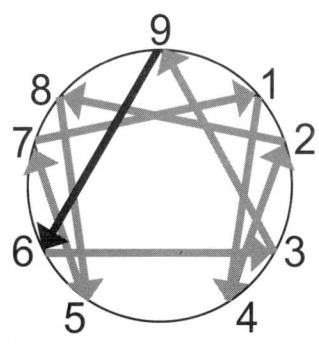渴望;又像3号一样,过于迷失在对于表面人际关系或环境和谐的追求中,更进一步忽略自己内心的感受和真正追求的和谐状态是什么,并麻木自己的感受,成为一个患得患失的、逃避一切问题实质的恶性循环的人,给人一种"盲目、自欺欺人"的逃避内心真相的感觉。

9号的良性整合策略是:9号追求内心的宁静以及一种与世无争的状态;他们能向3号一样,勇敢地面对内心真实的想法和感受,并以自己的梦想为目标,并不断以实现目标后的成就感作为激励自己的动力,不断采取行动为自己积极地争取快乐成功的状态,相信自己的实力并有勇气表现出来;再像6号一样,能够逻辑地梳理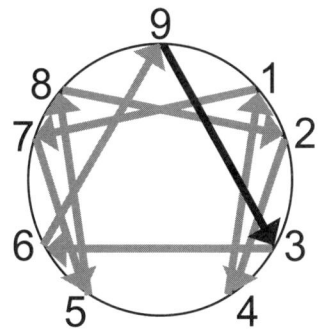这些目标,并系统地构建轻重缓急的优先顺序,同时全面地分析和考虑实现目标的过程中会出现的各种变化或可能，做好应急预案，并以此更加稳重地去实现自己梦想收获属于自己的成就与价值。成为一个通过自己的实力为自己梦想而奋斗，并最终收获快乐成功的喜悦，因此真正实现一种平和、宁静的内心状态，同时能够因此更好地调和环境及帮助身边人实现理想的良性整合的人。男性给人一种"和谐儒雅"的感觉，女性给人一种"幸福美满"的感觉。

9号修养身心的方法推荐

● 多听一些舒缓的、放松心灵的音乐，让自己能够沉浸在音乐所营造的轻松环境中，并因此放松自己过于关注他人的精神，将思想转向觉察自己内心的渴望上来，如各种身心灵放松音乐等。

● 参加一些静心训练的工作坊，在工作坊中学习和锻炼感受内心情感以及需要的能力，并能给自己一个安静、空灵的时间，通过各种静心技巧彻底呵护一直以来被自己遗忘的心灵，如奥修、亢达里尼静心、灵气静心、七色光球冥想、合一静心等。

● 参加一些梦想训练工作坊以及流程策划技巧的课程，通过工作坊中的技术帮助自己发现内心真实追求或渴望的梦想，以及实现梦想的状态，培养自己积极地关注自己的兴趣，并勇敢地面对自己的梦想，采取行动实现的能力，通过流程策划技巧的学习，培养自己系统的思维能力和逻辑分析并整理优先顺序的能力，并因此更好地帮助自己有条不紊地实现自己的梦想，如心想事成的秘密工作坊、吸引力法则工作坊、黄金流程策划技术、战略规划十步法等。

● 参加一些读书会或社交类活动，让自己在更为广阔的环境中结实更多志同道合的朋友，并锻炼自己适应环境以及变化的能力。

● 推荐书籍：《钻石途径系列之内在的探索》《钻石途径系列之解脱之道》《钻石途径系列之自我的真相》《钻石途径系列之不可摧毁的纯真》

第六章 突破弱点——九型人格发展自我之道

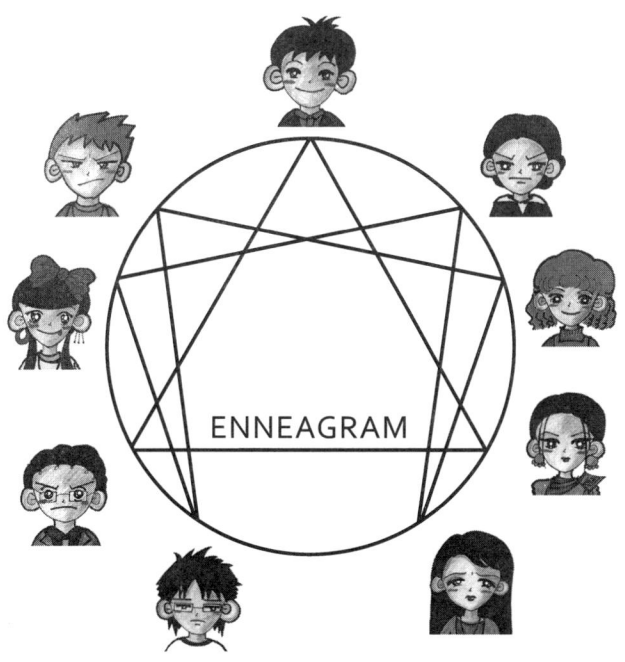

至此,这次探索"我是谁?我的人生将怎样?"的旅程就要结束了,但这结束亦是一个新的开始。

希望每一位耐住性子细细阅读到现在的朋友能够对自己的序位有一个清晰的定位,同时,也希望每一位朋友都能够真正理解九型人格学说的意义,通过发现自我的定位,而采取有效的策略觉察自我,了解自我,发展自我;并以此体谅他人,接纳他人,支持他人,不断地完善自己和发展他人,收获完整的人格状态,实现快乐成功的人生追求!

九型人格是一把钥匙,打开了探索自我与完善身心灵和谐发展的最后一道大门,真心地希望大家都能够得到这把开启成功人生的钥匙,并在探索自我发展身心灵的"心"的旅途中快乐!

感谢您耐心、真诚的阅读!